公共放送ＮＨＫはどうあるべきか

――「前川喜平さんを会長に」運動の記録――

市民とともに歩み自立したＮＨＫ会長を求める会編

三一書房

暴かれた放送の自立の危機

永田浩三

この本を世にお届けする直前、突然明らかになった出来事がある。

２０２３年3月2日。国会内で立憲民主党の小西洋之参議院議員が衝撃的な文書の存在を記者会見で明らかにした。公表された文書は、２０１４年から15年にかけて、当時の総務省幹部と首相官邸側などがやりとりしたもので、Ａ４で78枚に及んだ。

その後、さまざまな取材によって、小西議員が文書を入手したのは、安倍晋三元首相が銃撃され亡くなる前であったことがわかっている。小西氏は総務省時代、放送法に関わる業務に携わったこともあるが、かつての職場の仲間が危険にさらされないよう準備に時間をかけ公表に踏み切った。早々に公開されたことで、森友学園文書において起きたような文書改ざんはまだ起きていない。


本書は、ＮＨＫが時の政権から独立し、市民とともに歩んでほしいと願って立ち上げた運動の記録だが、今回の総務省文書が白日のもとにさらしたのは、それとは真逆で、安倍首相の側近が、公共のものである放送を、放送法という尊い法律の解釈を捻じ曲げることで、支配下に置こうとした暴力の軌跡の断片である。

今回の文書が記された時代の背景と提起した問題について簡単に触れておきたい。

安倍政権は、政治的公平性をめぐっての放送法の解釈を、テレビ局への締め付けの道具として使い、揺さぶりを続けた。それはある報道番組がきっかけだった。

2014年11月18日、TBSの「ニュース23」のスタジオに安倍首相が生出演した。衆議院の解散が3日後に迫っていた。キャスターは岸井成格さん。総選挙直前に取り上げたのは、安倍政権の経済政策の功罪について。アベノミクスを実感できているか否か、新橋などでの街頭での率直なインタビューが紹介された。街の声は、生活は苦しく恩恵などありえないと、否定的なものばかり。これに対して安倍首相は「これって選んでますよね」と不満たらたらだった。

そこから自民党は立て続けに、政治的公平を放送界に求めるようになる。11月20日、自民党の萩生田光一氏らが、NHKを含む在京テレビキー局に衆院選報道の「公正中立」を文書で要請。11月26日、自民党は個別の番組であるテレビ朝日の「報道ステーション」に対し、「公正中立」を文書で要請した。結果として選挙の争点について伝える報道は大きく減り、政権与党は大勝した。

今回の総務省文書の始まりは、この日と同じ11月26日。ここで礒崎陽輔首相補佐官は、放送法のこれまでの解釈の変更に言及し、絶対におかしい番組、極端な事例というのがあるのではないか、それを総務省として検討するよう持ち掛けた。この時、政治的公平について問題があるとした番組はTBSの「サンデーモーニング」だった。これ以降、テレビ朝日の「報道ステーション」、NHK第1の夕方のラジオなども言及していく。

今回の文書で安倍首相が言及した番組の中に、2009年4月に放送した「NHKスペシャル・JAPANデビュー第1回 アジアの〝一等国〟」も登場する。このシリーズは司馬遼太郎原作の「坂の上の雲」を大型ドラマとして放送するにあたり、明治政府のアジアを舞台にした政策が光だけではなく影の側面も大きいとして、NHKの理性と知性を働かせた中で誕生したものだった。まさに全体のバランスをとった編成なのだった。初回に取り上げたのは台湾。親日的だと語られることが多い中、植民地政策の負の部分に言及した。西欧がおこなった「人間動物園」と呼ばれる見せ物を模倣して、1910年の日英博覧会に少数民族の暮らしを展示した。番組では、遺族の証言を含めて紹介したが、これが保守派の攻撃の対象となった。放送後、出演者が名誉を棄損されたとしてNHKを訴えたが、2016年1月、最高裁は名誉毀損にはあたらないとの判断を示した。

安倍氏たちが攻撃対象に選んだのは、日本政府や日本軍がおこなった行為をどうとらえるか、その歴史認識である。歴史認識をめぐって起きた放送界最大の事件は、2001年1月に放送されたETV2001のシリーズ「戦争をどう裁くか」で起きた。第2回「問われる戦時性暴力」で、日本軍「慰安婦」問題の国際法上の責任を取り上げることについて、安倍氏は当時の松尾武NHK放送総局長に「公平公正にやってくれ」と言い、松尾氏はそれを「『勘ぐれ、お前』みたいな言い方をした部分もある」と語っている。放送直前に内閣官房副長官が介入し、番組が劇的に変わった。同じくその時に介入した中川昭一氏の言葉使いについて、松尾総局長は、「どこのヤクザがいるのかと思ったほどだ」とも語っている。

政治的公平という言葉は、安倍氏らの歴史認識と違うものを許さないという時に使われることもあれば、時の政権に抗う放送局を締め上げるためにも使われてきた。

放送法第四条にはこう書かれている。

放送事業者は、国内放送及び内外放送（中略）の放送番組の編集に当たっては、次の各号の定めるところによらなければならない。

一　公安及び善良な風俗を害しないこと。

二　政治的に公平であること。

三　報道は事実をまげないですること。

四　意見が対立している問題については、できるだけ多くの角度から論点を明らかにすること。

一方、放送法第三条には「放送番組は、法律に定める権限に基づく場合でなければ、何人からも干渉され、又は規律されることがない」と書かれている。三条に明記された「放送番組の編集の自由」。これは日本国憲法第二一条に記された「言論・表現の自由」に基づく規定である。ひるがえって放送法の第一条の二項と三項も重要である。

二　放送の不偏不党、真実及び自律を保障することによって、放送による表現の自由を確保すること。

三　放送に携わる者の職責を明らかにすることによって、放送が健全な民主主義に資するようにすること。

「放送の不偏不党、真実及び自律を保障」するのは誰か。それは政府であり日本社会である。礒崎氏のように政権によって放送法の解釈を捻じ曲げたり、放送局に圧力をかけ、コントロールしようと考えることは、放送法の精神に根本から反している。時の政権がどれほど横暴であろうと、放送を自分たちの都合の良いように扱ってはならないし、放送局で働く人間は、健全な民主主義の実現のために、圧力に抗い日々の仕事をしなければならない。

さて、1948年から条文の準備が進められ、1950年に成立した放送法は、占領当初の無条件の民主主義の涵養という時代が終わり、アメリカの対中国・朝鮮半島政策が日本社会を変質させようとしていた。それでも、放送法の基本理念は、あの悲惨な戦争の旗振りをした放送を繰り返すことは許されず、独立した放送でなければならないという精神は揺らいでいなかった。問題の「政治的公平」の文言は、NHKの内部にあった「政見放送における内規」がそのまま流れ込んだとも言われている。つまり、政見放送で候補者を公平に扱うというレベルの局所的な公平性の確保を求めていたにすぎず、礒崎氏が念頭に置くような「国論を二分する」ようなたとえば憲法改正において放送局をコントロールということが想定されていたのではない。モノを自由に言うことができず戦争に突き進み悲劇を生んだ時代と訣別し、多様性を認めた「健全な民主主義」を行き渡らせるために放送はがんばるべきだと書いてあるのだ。

だが、解釈は時代とともに変わっていく。ベトナム戦争報道でも、1993年のテレビ朝日の椿貞良局長発言でも、自民党は「政治的公平」の文言を使って放送現場を攻撃した。一方で、わたしが身を置いたＮＨＫのドキュメンタリーの世界は「政治的公平」は「お守り」のように働くこともあった。ＮＨＫの政治ニュースは過剰に政府に忖度しており、それとのバランスをとるためにひとつの番組では政府への厳しい批判を全面展開しても構わないと。

だが、今回の礒崎氏の働きかけは、そうした「お守り」を破壊し、一本の番組でも政治的公平を欠いていれば取り締まるぞという嚇しをかけるものだった。嚇しの言葉は「首が飛ぶぞ」であり、それに抗う山田真貴子秘書官は「変なヤクザに絡まれたって話ではないか」と表現した。放送という言論・文化を扱う世界には似つかわしくない野蛮なやりとりに驚く。

２０１６年2月8日、高市早苗総務大臣（当時）は、放送局が政治的公平性を欠く場合の電波停止を命じる可能性に言及。それを受けて2月12日、総務省は「政治的公平」の解釈を補充的に説明するものとして、「政府統一見解」を出した。極端な場合には、一つの番組でも政治的に公平であることを確保しているとは認められない場合があると明言したのだ。

テレビ局の政治報道は一層萎縮していく。その結果かどうか放送局の側は明言を避けているが、２０１６年3月、「クローズアップ現代」の国谷裕子キャスター、「報道ステーション」の古舘伊知郎キャスター、「ニュース23」の岸井成格キャスターといった優れた放送人が表舞台から去った。

こうした日本のメディア状況を危惧して、2016年4月、国連人権理事会「表現の自由の促進」に関する特別報告者デービッド・ケイ氏（米カリフォルニア大学法科大学院教授）が来日し綿密な調査をおこなった。そして2017年6月での報告で、「政治的公平」の文言は放送局への威嚇の道具だとして削除を求めた。こうしたケイ氏に対し、日本政府や放送界の反応は冷ややかだった。ところが2018年、規制改革推進会議がネットと同じように「政治的公平」原則を外そうと提案した。これには放送業界が一斉に反発。事実に基づく報道と社会の公正と民主主義のためにも、放送を律する「政治的公平」は大切だと言い始めたのだ。かくも、「政治的公平」という言葉は多義的であり、都合よく使われている。それもこれも、政権の乱暴さとそれに抗えない今の放送界の弱さと覚悟のなさが透けて見える。

岸田文雄首相は、国会の答弁で、今回の文書は放送法の解釈変更をおこなったのではなく補充的説明をしたに過ぎないとしたが、これは詭弁としか言いようがない。「政治的公平」という文言を悪用し、免許を人質にとって放送局に政権批判を許さず、世論をコントロールする。そんな病んだシステムは、今回の事件以降もなにも変わらないどころか、より強化されているとも言える。

高市氏は当初、文書は「捏造」であり、そうでなければ国会議員も大臣も辞めると言った。その後、「文書は正確さを欠く」と発言のトーンを変えた。総務省内での調査の結果、行政文書であるとの見解を出した。一方、今回の総務省文書公開のきっかけをつくった小西議員については、憲法審査会を巡っての小西氏の不適切な発言を報道したNHKとフジテレビについて、「(総務省)元放送政策課課長補佐に喧嘩けんかを売るとはいい度胸だ」と放送局を威嚇する言葉をツイッターに投稿。「NHKとフジテレビに対し、放送法などあらゆる手段を講じて、報道姿勢の改善を求めたい」とも書き込んだ。事態は本筋を逸れ、小西氏もまた放送に介入しかねない複雑な様相を示している。

そうした中、元文部科学事務次官で現代教育行政研究会代表の前川喜平さんは、文書を提供した総務官僚は勇気ある内部告発者であり、真の全体の奉仕者であるといち早く称えた。混乱に足をすくわれることのない、ゆるぎない発言だとわたしは思う。

今回の文書事件は、放送というものの自立がいかに侵害され危機にあるかを浮き彫りにした。そうした危機だからこそ、前川さんを旗頭に、われわれは〈市民とともに歩み独立したNHK会長を求める会〉が未来の世代のために、公共放送を蘇らせるために声をあげたことに意味があると信じる。これはそのかけがえのない活動の記録である。

もくじ

◉資料

この本をお読みいただく皆さんへ

「市民とともに歩み自立したＮＨＫ会長を求める会」事務局長 小滝一志

市民によるＮＨＫ会長推薦運動「前川喜平さんを次期ＮＨＫ会長に！」、それは一本のＮＨＫ ＯＢの電話から始まった。前田晃伸前ＮＨＫ会長の任期終了を数か月後に控えた２０２２年９月、その電話は思い詰めた口調でこう問いかけてきた。

「官邸主導でＮＨＫ会長が決められてきた流れを断ち切りたい。籾井会長罷免運動で３人の市民推薦の会長候補を立てたような運動が展開できないか」

実は、私たち視聴者運動に取り組む市民団体はこれまでに二度、会長候補推薦運動の経験があった。２００７年橋本元一会長退任時に元共同通信専務理事原寿雄、ＮＨＫ副会長（当時）永井多恵子両氏を会長候補として推薦した。２０１６年籾井勝人会長退任時には作家・落合恵子、東大名誉教授・元日本学術会議会長広渡清吾、元学芸大学学長・ＮＨＫ放送文化研究所研究員村松泰子３氏を推薦し、この時は結果として籾井再選はなかった。

こうした経験もあってＮＨＫ ＯＢの呼びかけに各地の市民団体が即座に反応した。10月初旬、ZOOMで全国各地の市民団体、NHK OBが議論を交わし、「市民とともに歩み自立したNHK会長を求める会」（以下「求める会」）を立ち上げ「候補者探し」が始まった。

現行放送法では「会長は、経営委員会が任命する」（52条）となっており、制度上はNHK会長を市民が推薦するルールはない。したがって勝手連的運動で、このような実現性の低い役割を引受けてくれる著名人は少ない。

10月中旬、打診していた前川喜平さんから回答が届いた。

「声をかけていただき光栄です。可能性はゼロに近いと思いますが、要請を承知しました」

前川さんのこの爽やかで潔い決断が私たちをおおいに活気づかせ、運動は大きく前進した。

11月4日、衆議院議員会館で「求める会」主催で記者会見を開き、前川さん同席のもとで推薦の辞を公表し、NHK会長候補として推薦運動を展開することを内外に宣言した。

「2017年森友学園問題と加計学園問題が発覚しました。前川さんはたった一人で告発のための記者会見をおこない、安倍首相ら政権の嘘を暴きました。政権からの不当な圧力に屈せず公僕としての職責を果たす。これは放送法にうたわれた公平公正や、真実を追求し健全な民主主義のために資するジャーナリストの精神と同じものです」

私たちの推薦に応えて前川さんも所信を表明した。

「私は、『憲法』と『放送法』にのっとり、それを遵守して、市民とともにあるNHK、そして不偏不党で、真実のみを重視する、そういうNHKのあり方を追求してまいりたいと思います。『放送番組編集の自由』というのは、放送法の3条にしっかりと書いてあるわけでありまして、100%保障しなければならないと思っております」

記者会見会場には20社近いメディアが参加、インターネットメディアIWJが生配信して各地で視聴された。ネット配信を視ていたNHK職員からは早速「感激して目から汗が出た」とメールが届き関心の深さを感じさせた。

この日、記者会見に先立ち私たちは、NHK経営委員会にも前川氏の推薦状と経歴書を提出し「市民の会長推薦運動」立ち上げを通告した。会長の公募制・推薦制の制度が導入されていれば立候補届にあたるものだった。

11月22日にはNHK西口玄関前に大型宣伝カーを横付けして、街頭宣伝を繰り広げた。この日は経営委員会の定例開催日で、私たちは前川会長候補を経営委員会とNHKにはたらく人たちに直接アピールするのが目的だった。

前川さんご本人もマイクを握り、

「もし、万が一、NHK会長になった暁には、私は、NHKをもっともっと明るく自由な場所にしていきたい。NHKの会長がいちばんやらなければいけないことは、『組織の中の自由を確保すること』です」

と訴えた。

元NHK経営委員で「求める会」の共同代表小林緑氏、3人のNHK OB・OGも前川さん推薦の弁を熱く語った。この日もネットで生配信し、NHKにはたらく人たちばかりでなく、NHKの幹部、NHK労組の役員も視聴していたと聞いている。

12月1日には衆議院議員会館でシンポジウム「公共放送NHKはどうあるべきか」を開催した。サブタイトルは「市民による次期会長候補・前川喜平さんと考えるメディアの今と未来」。前川さんの他、ジャーナリスト・金平茂紀、法政大学教授・国会パブリックビューイング代表・上西充子両氏をパネリストに迎え、報告者はメディア研究者で元NHK放送文化研究所主任研究員の鈴木祐司氏、司会は「求める会」のメンバーで武蔵大学教授・元NHKプロデューサー永田浩三氏が務めた。

シンポジウムは会長選考問題だけでなく、政権寄りの政治報道批判、ネットメディア台頭の下での公共放送の今後などについて、視聴者・市民が議論を深める貴重な場となった。

最初のテーマは「今のNHKの何が問題なのか」、前川さんが会長候補の推薦を受けた深い動機を語った。

「私が強烈に『NHKがおかしいな』と思ったのは5年半ぐらい前、国会で『加計学園問題』が追及され始めた頃でした。NHK社会部の記者が非常に熱心に取材活動していて、自宅まで押しかけてこられて、私の単独インタビュー映像も撮った。しかし一向にニュースにならない。実際に取材しておられたNHKの社会部の記者たちは、ほんとうにくやしがって私の目の前で涙を流しているという姿も見たわけです。『これは本当におかしくなってるんだな』ということを感じました」

会長選考をめぐってパネリスト二人はこう述べた。

「今のままでいくとブラックボックスのまま。しかし、安倍元首相の銃撃殺害事件で『パンドラの箱』が開いた今の時期に、こういうことがおこなわれるというのは、重要なこと。一石を投じるどころじゃなくて、けっこう困ってると思う、向こうは。透明性、なぜこの人を選んだってことをきちんと明示することを求めてる有効な運動だなって思う」（金平氏）

「NHKの報道内容についての批判はかなり広がってきてるけれど、その内容が政府寄りになってしまっていることが、組織のあり方の問題にかかわるんだという点に対しては、まだまだ認識が広がっていないのかなと。そこにこうして市民の側が、関心を向けていくことが非常

に重要だなと今、思いました」（上西氏）

会場からこんな提案もあった。

「『シャドーキャビネット（影の内閣）』に模して、『影の経営委員会』をつくって、前川さんが『影のＮＨＫ会長』になって、ＮＨＫの問題や将来のビジョンについてレポートを発表し、ＮＨＫ本体と比べてもらうというのはどうか」

提案に応えて前川さんも、「まず『影の経営委員』を12人決めたうえで、その12人に前川が選ばれれば、『影の会長』になってもいいと思う」と発言、会場を沸かせた。

12月1日、シンポジウムに先立って、「前川喜平さんを次期ＮＨＫ会長に！」の賛同署名4万4019筆をＮＨＫ経営委員会に提出した。署名簿を受け取る窓口の担当者の緊張した面持ちが、世論を可視化した署名活動の重みを物語っていた。（最終提出は2023年1月23日、ネット署名2万4345筆・紙の署名簿2万1771筆・計4万6116筆）

署名簿に添えて、ジャーナリスト・作家・大学教授など30名の「前川さんを推薦する方々」の名簿とメッセージも経営委員会に届けた。

当初「求める会」は、短期決戦で取り組める課題も限られていると考え、紙の署名簿による署名活動は念頭になかった。しかし、「ＮＨＫとメディアを考える会（兵庫）」から「各地の市民団体への呼びかけや集約の実務を一手に引き受けるので、紙の署名活動もやりましょう」との提案があり「求める会」もこれを受け入れた。活動は1か月ほどの短期間だったが全国に拡がり、イベントへの参加やネット署名のかなわない人々にも意思表示の機会がつくられ、「市民の会長推薦運動」は草の根の拡がりを見せた。

12月5日、定例の開催日を一日前倒して開かれたNHK経営委員会で、元日銀理事稲葉延雄氏が次期NHK会長に任命された。

記者会見で森下経営委員長は「（経営委員の）誰が稲葉氏を推薦したかは応えられない」と公表を拒否し、会長指名に至る議論の密室性を改めて印象付けた。翌6日の新聞「読売」は政府高官の話として、「首相は水面下で稲葉氏に接触して口説き落とした」と伝えていた。

稲葉延雄氏の会長任命を受けて私たち「求める会」は12月9日、「透明性の決定的な欠如と視聴者・市民の声を完全に無視した次期NHK会長選びに抗議します」との声明と、要旨以下の公開質問状を提出した。

Q「私たちが推薦した前川喜平さんは、選考過程で、どのように取り扱われたのか」

Q「首相が稲葉氏を口説き落とした、との報道があり、経営委員会は首相決定の追認機関になり下がっていないか」

Q「本当に『全会一致か』」

回答期限の数日前、経営委員会から回答が郵送されてきた。しかし内容は、すでに公表されていた形式的な会長指名部会議事録の抜粋に過ぎなかった。

この実質ゼロ回答に私たちは、再質問を繰り出した。首相官邸が会長指名に深く関与していることを示すメディア報道を列挙して、密室選出過程の問題点を糺し、市民推薦の前川候補をどのように取り扱ったか再度問うた。

再回答は、A4版1ページの味も素っ気もないものだった。しかし、そこには見過ごせない文言があった。

「推薦者は、会長の任命に責任を持つ経営委員会委員に限っており、外部者からの推薦は受け付けない」と明言していた。市民推薦の前川さんを無視した言いわけであろうが、では首相推薦の稲葉氏を任命した矛盾はどのように説明するのか。

私たちは、会長選考をめぐる不透明性、密室性を糺す質問を繰り返し、経営委員会を追及し続けることにしている。

今回の「市民による会長推薦運動」では、立ち上げの時からNHKにはたらく人々の有志が加わり、日ごろは聞けないNHK内部のホンネが明らかにされた。彼らを突き動かしたのはNHKの現状に対する強い危機感だった。

「会長が財界人続きのせいもあるのか、NHK自体が『公共』でなく、『経済集団』に変わっていることへの危機感がある。『かんぽ問題』を契機に経営委員会の議事録も読んだが、被害に遭われた方に寄り添う気持ちは微塵もなく、経営者目線で押し通す傲慢なやりとりに、一般の生活実感とかけ離れていると感じた」

「NHKの番組制作現場では、『政治家への忖度』が上層部から降りてきそうなテーマに対して『政治（部）マター』という言葉がしばしば使われる。『忖度』の度合いは、ときに必要以上で、年度末の予算審議への影響が配慮され、正当化されがちだ。『過剰な忖度』が罷り通る組織風土を変えるためには、外部からの圧力を許さない、毅然とした姿勢を示すことができる会長の存在が不可欠だ」

これは有志が集めた「NHK現場の声」の一部だが、こうした制作現場からの肉声は記者会見やシンポジウムで折々紹介され、取材記者からも強い関心が示された。

NHK内部ではたらく人たちと視聴者・市民の連携の一歩が踏み出されたわけで今後の発展を期待したい。

私たちの運動は3か月ほどの短期決戦だった。

残念な結果に終わることはあらかじめ覚悟していたが、官邸主導の密室協議で決まる会長選考の問題点を視聴者・市民の前に明らかにできたばかりでなく、NHKの危機的現状、放送メディアの動向についても議論を深めた。

危機に晒されている日本の民主主義の内実を充実させ成熟させていく市民の側の小さな試みの一つとしてここに報告したい。

市民とともに歩み自立したＮＨＫ会長を選んでください！

市民とともに歩み自立したＮＨＫ会長を求める会

私たちは日本社会の民主主義と文化の向上のため、公共放送ＮＨＫが果たすべき役割は大変大きいと考えています。そのためにＮＨＫ会長には、ジャーナリズムのありようや文化的な使命について高い見識を持ち、言論・報道機関であるＮＨＫの自主・自立を貫き通す人物が選ばれる必要があります。そして、その選定にあたっては、透明性が確保されるべきです。

ところが第一次安倍晋三政権時代（２００８年1月）に、菅義偉総務大臣が古森重隆氏（富士フィルム社長）を経営委員長に据え、古森氏が主導して福地茂雄氏（アサヒビール出身）をＮＨＫ会長に選んで以来、松本正之氏（ＪＲ東海出身）、籾井勝人氏（三井物産出身）、上田良一氏（三菱商事出身）、前田晃伸氏（みずほ銀行出身）と5期（15年）の長きにわたって安倍氏を支持する財界出身者が経営委員長と政権幹部との密室の協議によって任命されて来ました。その間、「政府が右ということを左というわけにはいかない」と発言した籾井会長に象徴されるように、ＮＨＫは政権にすり寄り、市民の活動を冷笑するような放送を繰り返して来ました。特に政権に都合のよい報道に偏った政治ニュースは、「アベ・チャンネル」と呼ばれました。

菅義偉政権になると前田会長を中心とするＮＨＫの政権追従の姿勢はさらに顕著になり、

市民の間にコロナ禍での東京五輪の開催に批判的な意見が強まる中で、ＮＨＫは世論を無視してまで、大会の強行を後押しし、盛り上げに邁進しました。そんな中、昨年12月にはＢＳ１スペシャル「河瀬直美が見つめる東京五輪」という番組で、民主主義の根幹をなす市民の活動、その表現手段としてのデモを貶める内容の番組が放送されました。

一方、前田会長が「スリムで強靭な新しいＮＨＫ」を目指すとして進める改革は、公共放送の価値や役割を軽視し、もっぱら経済合理性に重点を置いた人事制度改革・営業改革・関連事業改革に終始しています。前田会長が進める改革の内実は、一般の営利企業ですでに実践されてきたコンサルティング会社による改革案を、そのまま持ち込んだものに過ぎません。こうした強引な改革によって、ＮＨＫの現場は疲弊・荒廃し、放送番組の質の低下となり、視聴者の期待を裏切る事態が生まれています。

10月11日、前田会長は菅氏ら総務大臣経験者を中心とした自民党議員の圧力に屈し、経営計画案を急遽修正しＮＨＫ経営委員会に提出したことが報道によって明らかになりました。政権主導で選ばれたＮＨＫ会長では、政治家の圧力に抗えない事実が白日の下にさらされました。

このままでは公共放送が崩壊しかねません。私たちは、公共放送の健全性を取り戻し、この社会の民主主義を育てるために、ジャーナリズムに深い見識を備え、ＮＨＫの自主・自立を貫き通すためのリーダーが、次期会長に選ばれることを強く望みます。

前川喜平さんを次期ＮＨＫ会長に推薦します

市民とともに歩み自立したＮＨＫ会長を求める会

第1次安倍政権以降、政権の意向を色濃く反映したＮＨＫ会長が選出され続けてきました。中でも、籾井勝人氏は、会長就任の日の記者会見で、「政府が右というものを左というわけにはいかない」と発言し、世間の厳しい批判を浴びました。公共放送の理念を理解しているとは思えない財界出身の会長が続き、そのもとで、時の政権に忖度したニュースや世論調査、社会の関心事に応えようとしない日曜討論やＮＨＫスペシャルが日常化しています。２０２３年1月には新しい会長が、現在の経営委員会によって選出されます。次期会長がこれまでの悪弊を引き継ぎ、市民の宝である公共放送をこれ以上毀損することは許されません。

そこで、わたしたち「市民とともに歩み自立したＮＨＫ会長を求める会」は、メディアのありようを問う市民団体、ＮＨＫのＯＢとＯＧ、ＮＨＫの現役職員有志、メディア研究者、メディア関係者の思いを結集し、ここに次期会長候補として前川喜平さんを推薦します。

放送法によれば、ＮＨＫ会長は経営委員会によってのみ選ばれ、わたしたち市民が直接選ぶ仕組みにはなっていません。ですが、わたしたちは、このような人にリーダーになってもらい、そのリーダーのもとで現在のＮＨＫの病弊からの訣別を訴えることに意味があると考えています。そして、公共放送が再び息を吹き返すために多くの人びとと理念を共有し、働きかけることはできます。

２０１７年に森友学園問題と加計学園問題が発覚しました。その際、前川喜平さんは告発のための記者会見をたった一人でおこない、安倍首相ら政権の嘘を暴きました。文部科学事務次官まで上り詰めた官僚として、日本の行政史上かつてない大事件でした。前川喜平さんは一市民となった後、日本のジャーナリズムのありようを問い、教育の機会に恵まれなかった夜間中学の生徒に、学ぶことの素晴らしさを教えるボランティアを続けておられます。

ＮＨＫの本来の使命は、政権の顔色をうかがうのではなく、真実を伝え、社会の課題を議論するプラットフォームとなり、豊かな文化を放送を通じて日常的に市民に届けることです。それは前川喜平さんが長く身を置いた、文部科学省の柱である社会教育や生涯学習、学校を離れて教育や教養をあまねく普及させることとも重なります。政権からの不当な圧力に屈せず、公僕としての職責を果たす。これは放送法にうたわれた公平公正や、真実を追求し健全な民主主義のために資するジャーナリストの精神と同じものです。

籾井勝人会長時代の２０１５年、ＮＨＫの予算承認をおこなう際、国会では経営委員会に対して「会長の選考については、手続きの透明性を一層図りつつ、公共放送の会長としてふさわしい資格・能力を兼ね備えた人物が適切に選考されるよう、選考の手続きのあり方について検討すること」という付帯決議が、前年に引き続いてなされました。それより前の２０１３年11月に経営委員会は、「次期会長資格要件」として「ＮＨＫの公共放送としての使命を十分に理解している人」などの６項目を求めましたが、まったく機能しないまま今日を迎えています。こうした異常な事態をこれ以上放置することは許されません。

今回、前川喜平さんは、わたしたちの願いを受け止め、市民が推薦するＮＨＫ会長候補になることを承諾してくださいました。市民の受信料で支えられる公共放送ＮＨＫを、公共の精神が希薄な人物に任せるのではなく、公共の大切さを心の底から理解する人によってよみがえらせましょう。わたしたちは、ここに、前川喜平さんとともに新生ＮＨＫの未来をいっしょにつくっていくことを強く訴えます。

「前川喜平さんを次期NHK会長に推薦します」記者会見

（2022年11月4日、衆議院第2議員会館第7会議室）

司会――これから「前川喜平さんを次期NHK会長に推薦します」記者会見を始めたいと思います。司会は「市民とともに歩み自立したNHK会長を求める会」の皆川が務めます。よろしくお願いします。

午前中、NHKの経営委員会に対して、次期会長に前川喜平氏を推薦する推薦書を提出してまいりました。そして日放労（NHKの労働組合）にも協力を依頼するという行動をおこなってきて、そしてこれからの今日の記者会見ということになります。

それではまず開会の挨拶を、「求める会」共同代表の一人であります丹原美穂さん、よろしくお願いします。

丹原――共同代表の丹原美穂です。会の設立経緯についてお話しします。NHKは、私たちの受信料で運営されている公共放送であり、ホームページの中でも、「みなさまのNHK」とうたっています。ところが、「政府広報」だとか「アベチャンネル」だとか、揶揄されるようになっています。原因の一つとして、会長が実質、政府の意向で選ばれ、政府の意向を強く反映した人となっていることもあると思います。私たちは、ＮＨＫが市民と共にあるように、また政府から自立したＮＨＫであるために、市民の手でＮＨＫ会長をＮＨＫ経営委員会に推薦したいと考え、この会を設立しました。

現ＮＨＫ会長の任期が２０２３年１月までとなっていますので、次期ＮＨＫ会長には市民の手で前川喜平様を推薦していきたいと思っています。また前川様には、この件をこころよくお引き受けいただきまして、感謝にたえません。それでは会を始めていきたいと思います。

丹原美穂さん

司会――この会には共同代表が3人います。元ＮＨＫ経営委員で国立音楽大学の名誉教授でもいらっしゃる小林緑さん、そして日本ジャーナリスト会議運営委員の河野慎二さんお二方も共同代表です。小林さん一言お願いします。

小林――元経営委員でした小林緑と申します。私は、2001年から07年まで2期、経営委員であった、という経歴があり、私にとっては恥ずかしい過去になっているんですが、そう隠すわけにもいかず、今回のことになりました。でもその記録で、私はとにかく経営委員であったという責任は絶対免れないと思っておりまして、何かあるごとに少しでも、NHKが、「みなさまのNHK」になるように、「アベチャンネル」化を阻むようにできれば、と思っております。どうぞ皆様、よろしくお願いいたします。そしてほんとうに今、丹原さんもおっしゃいましたように、前川さんに推薦を受けていただいたこと、感謝にたえません。ありがとうございます。

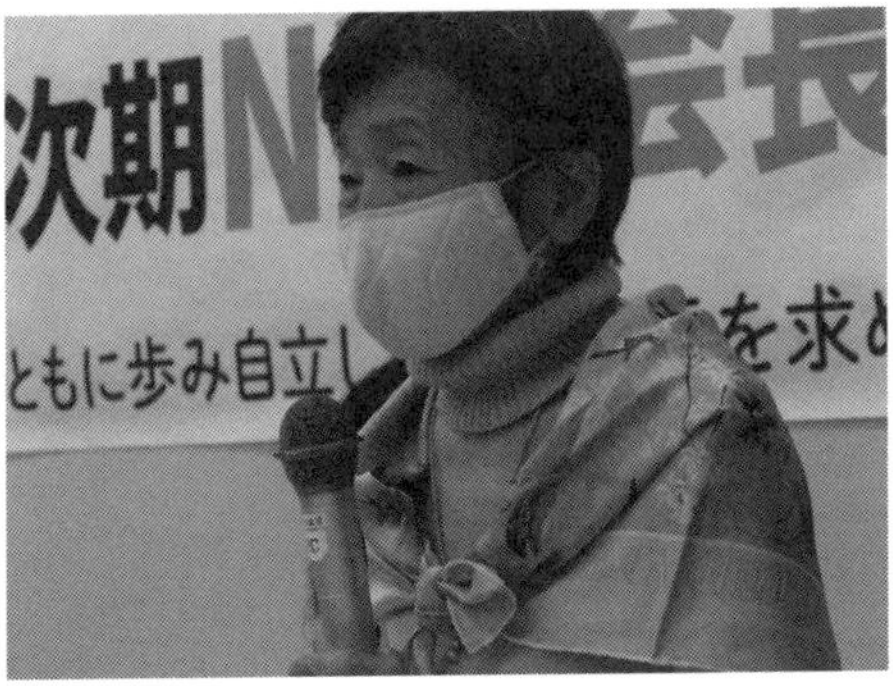

小林緑さん

河野――共同代表の一人であります河野慎二と申します。日本ジャーナリスト会議の運営委員をやっております。出身は、日本テレビの報道局報道部です。メディア各社及び、ジャーナリストの皆さんと一緒にですね、この取り組みをを評価していただいて、私どもの運動を前へ進めてまいりたいと思いますので、どうぞよろしくお願いいたします。

司会――次の課題に入りますが、前川さんを次期会長に推薦する理由の一つに、「財界人出身の会長が15年続いた」その間に、NHKの公共放送としての性格が毀損されてきたという事態があります。前川さんにご登壇いただく前に、この15年の経緯について、事務局のほうから報告をさせていただこうと思っています。

長井――そもそもNHKの会長というのは、NHKの経営委員12人、この人たちのうち9人が賛成すると、会長が選ばれるという、そういう制度になっています。つまり政府が直接会長を任命するのではなく、経営委員会というワンクッションを置くことによって、独立性を保つという制度であるわけです。ところが、経営委員会の委員というのは、国会の同意を得て、内閣総理大臣が任命するという制度になっています。ここを「悪用」して、今の状況が生まれていると言えます。

安倍、菅政権より長い5期15年も続いている理由っていうのをちょっと説明させていただきます。(パワポ上には、5期15年の歴代会長の名前と肩書と就任時期記載)こういうメンバーが続いているわけですね。皆さん財界人で、しかもこの方々は安倍さんに近い、財界出身者が続いているということになります。お配りした資料にこのことも出ていますのであとで見てください。最初に財界出身の人が会長になったのは、福地（茂雄）さんという方で、２００８年1月に任命されました。その経緯はですね、菅（義偉）さんが、ご自身の本の中に、詳しく書いています。つまり菅さんは、総務大臣になった時にＮＨＫに「受信料義務化してやるから、2割受信料下げろ」ということを、時の橋本（元一）執行部に言ったんだけれども、ＮＨＫの執行部がそれを受け入れなかったわけですね。それで、菅さんは「もう生え抜き、内部の会長じゃダメだ」と、「外から持ってこないとダメだ」ということになっちゃったわけですね。

それで菅さんが安倍（晋三）さんに相談をして、これ第1次安倍政権の時ですけれども、古森（重隆）さんですね、富士フイルムの古森さん。有名なのは、ＪＲ東海の（先日亡くなられた）葛西（敬之）さんと古森さんが安倍応援団なんですね。財界の安倍応援団、「四季の会」を作っている主要メンバーです。で、菅さんはこの古森さんに「何としても経営委員になってくれ」と説得をして経営委員に

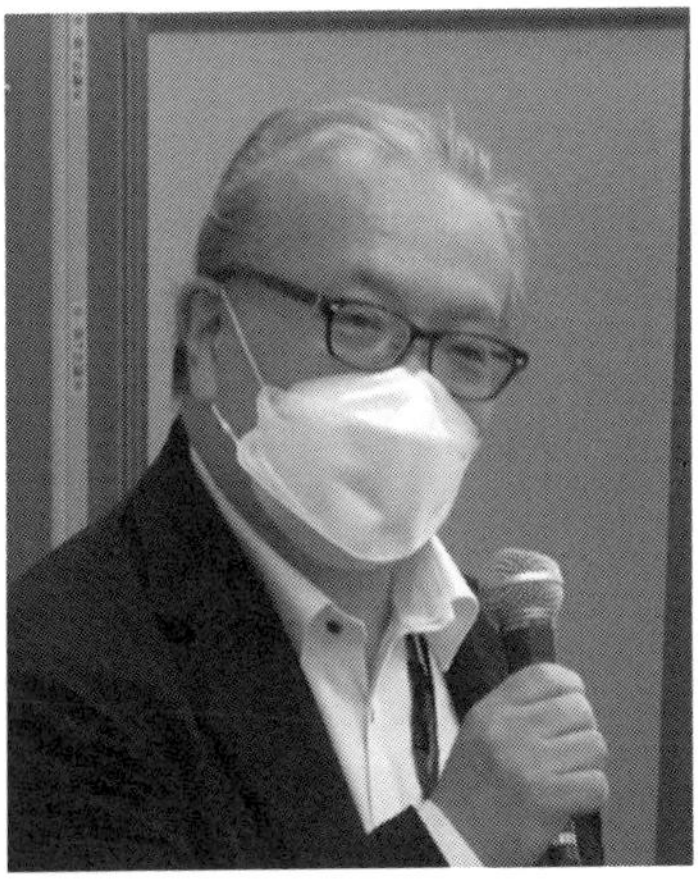

長井暁さん

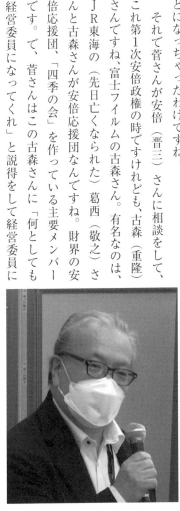

して、しかもいきなり経営委員長にしたわけですね。そのことをご自分で書いてます。本の中で、菅さんは。それでもういきなり経営委員長でですね、もうとにかく「会長が外部じゃないとダメだ」、と言ってですね強引な議事運営をしたものだから、当時まともな経営委員がいたので、女性の方2人が記者会見をして、「こんなひどい運営をしてますよ」というのを記者会見をしたことがありました。

でも結局は押し切られ、福地さんが会長になるんです。福地さんはそのことを日経新聞の「私の履歴書」に書いています。突然あの古森さんから「飯でも食いませんか」というふうに電話があって、「NHKをやってみるつもりはないですか?」と言われ、何度も断ったものの最後は押し切られて会長になった……。こんないい加減な決まり方ですが、実を言うとそういうことなんです。ただ、福地さんは、NHKの職員の評判も意外と良かったんですけれども、「自分は年なので最初から1期3年で辞める」とおっしゃっていました。だから次の、会長人事がすぐ起こったんですが、それで松本(正之)さんという、JR東海の副会長さんがなられました。実を言うと、この時は民主党政権です。

なんでまた安倍さんの応援団の人がなったのかと、ちょっと不思議だったんですが、そのことは朝日新聞の川本(裕司)記者が取材をしています。つまりその時は、小丸(成洋)さんという人が経営委員長だったんですね。政治的には中立の方です。広島の運輸会社の社

☜左から
前川喜平さん、丹原美穂さん、小林緑さん、河野慎一さん、永田浩三さん

長さんですが、人事がうまくいかなかったんですよね。慶応義塾大学の教授とか色々決まりそうになって、こけたりしたことがあって。で、困って、困った小丸さんはなんとですね、前経営委員長の古森さんに相談したんですよ。そうしたら古森さんは葛西さんに相談をして、「じゃあ、うちの松本でいいじゃないか」ということになってしまいました。

ところが、松本さんはですね。これは当時の理事に聞いた話ですけれども、いきなり、「NHKは左翼の巣窟だから、お前行って、何とかしてこい」というふうに言われて、送り込まれたらしいのです。あとですね、葛西さんは副会長に、諸星衛さんという、元NHK理事をつけろ、というふうに指示をしたらしいんですが、松本さんは言うこと聞かずに、小野（直路）さんという方を副会長に指名したということで、葛西さん怒っちゃってですね。で、その後も松本さんは葛西さんの指示をあまり聞かなかったらしいんですね。で、

1期3年で「お前、やめろ」って、辞めさせられてしまいました。

次になったのが、有名な籾井（勝人）さんですね。「政府が右ということを左というわけにはいかない」と言った方ですが、松本さんもそうやって葛西さんの怒りを買って1期で辞めさせられちゃったので、籾井さんを選ぶ人事で、この時はどうもですね、今井（尚哉）秘書官ですね、そのあと補佐官になった方が中心になってやられたそうで、おじさんの経団連の今井（敬）会長に相談したら、この籾井さんが推薦されたと。もうそれで決まっちゃったということです。その時の経営委員長が石原進さんというJR九州の方です。そしてこの右側の写真が経団連会長の今井（敬）会長です。

第2次安倍政権の時に、NHKをグリップした中心は、菅（義偉）官房長官と杉田（和博）官房副長

官ということになります。で、籾井さんがですね、会長になるときに官邸から「NHKでは板野（裕爾）氏を頼るように」と言われたそうです。で板野さんというのは、杉田さんと葛西さんと非常に強いパイプを持っていることで有名なNHK職員であったわけなんです。で、籾井さんは言われるままに板野さんを放送総局長に任命したと。板野さんは官邸からの指示を受けて、「安保法案」とか、ああいうふうなものを、政府に不都合なデモとかを、なるべく放送させないようにした人物として有名です。

しばらくすると、籾井さんは板野さんがあまりにも官邸のほうばかり向いているので、だんだん腹が立ってきて、「お前は誰の部下なんだ」という話になって、溝が生まれました。最終的に籾井さんは1期3年でやめさせられるわけですけど、世間では「最初にああいう問題発言をして、問題行動が多い人だから」っていうふうに言われていますが、問題は籾井さんが板野さんを、専務理事を切っちゃったんですね。再任しないで、NHKエンタープライズの社長に出してしまった。それを官邸に怒られて、それで辞めさせられたというのがどうも真相のようです。籾井さんと板野さんの対立が決定的になったのは、NHKの横に土地を購入して、関連団体が入るビルを建てようという計画を籾井さん立てた際、板野さんがそれに反対して対立が起こったということです。

その後、上田良一さんが会長になります。上田さんというのは経営委員だったんですね。

常勤の経営委員で監査委員を兼ねていた人で、だから籾井さんの後なのでさすがにＮＨＫのことをよくわかんない人は引っ張ってこられなかったというようなことだと思うんですが、上田さんも１期３年で辞めることになります。有名な２０１８年10月23日の「かんぽ問題」ですね。日本郵政から抗議が来て、石原（進）経営委員長と森下（俊三）委員長代行がその抗議を受けて、ガバナンスの名目で上田会長を厳重注意したという事件がありました。このことがやっぱり、退任理由のようですね。後で石原さんが上田さんについて「ガバナンスなどの面で問題があったという意見があった」というふうに述べています。退任理由ですね。

石原（進）さんというのはどういう人かといえば、ＪＲ九州の元会長で、「日本会議福岡」の名誉顧問、「原子力国民会議」の共同代表です。上田さんが決まる経営委員会の時にも、「官邸からしょっちゅう電話がかかってきていた」という証言がございます。

いよいよ前田（晃伸）さんが登場するわけです。これ完全に官邸主導の人事でありまして、石原さんが最後の仕事として、前田さんを会長にするんですけれども、まあ２０１９年12月９日に１日で決まっているんですね。午前中の指名部会で初めて名前が出て、午後「来てください」と来て、経営委員会でいろいろ質疑応答して決まったんですけれども、毎日新聞等の報道では、安倍さんが「次は金融機関の関係者がいいな」とか言ったとか言わないとかというようなことがあって、で、前田さんも「四季の会」の元メンバーなんです。ただNHK幹部の見方は、おそらく杉田官房副長官の推薦だろう、と。国家公安委員を直前まで務められていたということであります。

指名部会のやり取りを見るとですね、前田さんは官邸に急に呼び出されて、もう強引に説得されて、仕方なく受けたということが丸見えです。「突然ですので正直に言うと、なんでこういうことになったか驚いています」と言っています。で、その後、経営委員との質疑応答を見ても「いや、最近のNHKのことはよくわかりませんね」とか言ってるわけですよ。なのにその後、12人の経営委員が全員賛同ですね、賛成でなってるんですね。最後、石原委員長が「経営委員会が前田さんをNHK会長として任命する決議をおこなった場合、就任していただけますか」と聞いたら、前田さんは、「もうその時はやりますよ、やむを得ずですが」と言っている。どうしてこういう人が会長に選ばれるのかと、議事録を見ると唖然、呆然としますがそういう内容です。前田さんも会長になって、官邸の言うことを基本的によく聞く人であったわけですけれども、例えば板野さんがやっぱり嫌だったようで、板野さんを退任させて、女性理事を登用しようとしたら、官邸から横やりが入って撤回に追い込まれたりですね。あとはやっぱり菅首相になったときに、「受信料下げろ」と圧力がずっと加えられて、去年の1月にはですね700億円還元っていうような形で受信料の値下げを受け入れちゃったわけです。

菅さんは施政方針演説で「NHKの受信料1割下げます」と言って、NHKを国の行政機関だと思っている証拠ですね。この10月、最近話題になったのは、蓋を開けたら700億円では衛星契約を1割下げることしかできないということがわかって、菅さんがですね、菅元首相が圧力をかけて、前田さんたちがのんじゃうんですね。地上契約も下げる、と。だからトータル地上契約、衛星契約両方とも下げてそうすると、700億円の還元では足りなくなって、1500億円の還元に急に増えちゃったというですね。このぐらい弱腰ですね。で、読売新聞が報道してますけれども、我々から見ると前田さんがNHKをめちゃくちゃにしてくれてるんですけど、これでも「改革意欲が足りない」というふうに自民党の関係者は言ってました。自民党の閣僚経験者は、「前田体制が一時値下げの幅の縮小を狙ったことは、次の会長人事にも影響する」という、これ読売新聞のスクープですけど、こういうのが出ています。今は森下さんという方が経営委員長で、森下さんのもとで今、指名部会というのを開いてますけれども、実際、指名部会って何回もやってもですね、実際には何もやってないです。はっきり言うと。だから官邸と相談するのか、今なら、菅元首相・元総務大臣と相談するのかわかりませんけれども、この森下（俊三）さんというのは、とにかく今、裁判になってますけど、放送法を平然と踏みにじるような人物です。この人もどうも杉田さんの推薦みたいで、直前ずいぶん長く大阪府の公安委員をやっていて、最後は大阪府公安委員長をしていた人物です。

　ですので、このまま任せると、こういう放送法を平然と踏みにじるような人物と自民党の有力政治家が相談をして、談合、密談してですね、次の会長が決まってしまうかもしれないということで、我々は「これはたいへんだ」ということでこの会を立ち上げて、前川さんを推薦するということになった次第であります。すみません、長くなりました。ありがとうございました。

司会――聞けば聞くほどゾッとするような人たち、「公共放送とは何であるか」ということを理解しているとは思えない方々が、ＮＨＫのトップに就任してきた内部報告です。続いて、私たち「求める会」の総意として、なぜ前川さんを会長候補として推薦するかについて、「アクティブミュージアム女たちの戦争と平和資料館」の元館長である池田恵理子さん、お願いします。

池田――私たち「市民と共に歩み自立したＮＨＫ会長を求める会」では、前川喜平さんを次期ＮＨＫ会長に推薦します。

2017年に、森友学園問題と加計学園問題が発覚したとき、前川さんは告発のために、記者会見をたった一人でおこなって、安倍政権の嘘をあばきました。文部科学事務次官までのぼり詰めた官僚による、日本の行政史上かつてない快挙でした。一市民となってからは日本のジャーナリズムのありようを問い、夜間中学の生徒に、学ぶことの素晴らしさを教えるボランティア活動を続けていらっしゃいます。

第1次安倍政権以来、政権の意向を反映するばかりで、公共放送の理念にもジャーナリズムの使命にも無理解な財界出身の会長が続いてきました。

政権への忖度と自主規制が著しいニュー

池田恵理子さん

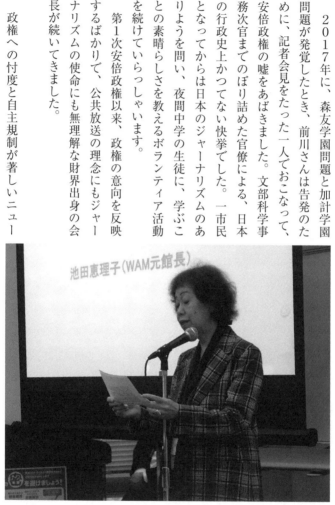

スや番組が目立ち、ＮＨＫは「アベチャンネル」とまで批判されてきました。会長就任の記者会見で「政府が右ということを左というわけにはいかない」と述べた籾井勝人氏のような人までいました。

２０１３年1月には経営委員会によって新しい会長が選出されますが、次期会長がこれまでのように、市民の宝である公共放送をこれ以上毀損することは許されません。そこで私たちは、メディアのあり方を問う市民団体、ＮＨＫ退職者と現役職員の有志、メディア研究者やジャーナリストたちの思いを結集し、ここに次期会長候補として前川喜平さんを推薦いたします。

放送法には、ＮＨＫ会長を市民が選出する仕組みはありませんが、私たちは会長にふさわしい人のもとで、ＮＨＫがジャーナリズムの役割を果たす報道機関になることを切望しています。ＮＨＫの本来の使命は、権力を厳しく監視し、真実を伝え、社会の課題を議論する場を作り、放送を通して豊かな文化を市民に届けることです。

それは、前川喜平さんが長く身を置いた、文部科学省の柱である社会教育や生涯学習、また学校以外での教育や教養の普及とも重なります。政権からの不当な圧力に屈せず、公僕としての職責を果たす。これは放送法にうたわれた公平公正やジャーナリストの精神と同じものです。２０１３年11月、ＮＨＫ経営委員会は「次期会長資格要件」として「ＮＨ

Kの公共放送としての使命を十分に理解している人」などの6項目を求めましたが、全く機能しないまま今日を迎えています。NHKの現場職員からも、内部の自由が失われた危機的な状況が訴えられています。このような異常事態を、これ以上放置してはなりません。
今回、前川喜平さんは私たちの願いを受け止め、市民が推薦するNHK会長候補になることを承諾してくださいました。公共放送NHKを、公共の大切さを真に理解する人によって蘇らせましょう。私たちはここに、前川喜平さんとともに新生NHKの未来を一緒に創っていくことを強く訴えます。

司会――私たち「求める」会の総意です。それでは、前川喜平さんお願いいたします。

前川喜平さん

前川――このたび、市民の皆さんから「NHKの会長に」とご推薦をいただきまして、身に余る光栄と思い、お受けした次第でございます。

NHKの会長に就任したら、私は「憲法」と「放送法」にのっとり、それを遵守して市民とともにあるNHK、そして不偏不党で、真実のみを重視する、そういうNHKのあり方を追求してまいりたいと思います。

そのためには、番組の編集、あるいは報道にあたって、「完全な自由」が保障されなければいけない。その自由こそがですね、ほんとうに真実を追求することにもなるし、「不偏不党」も、その自由の中でしか実現しないと思っております。これは教育行政にも言えることですけれども、政治的中立性は大事なんですが、「政治的中立性」というのはですね、上から求める政治的中立性は、必ずこれは、権力に奉仕する結果になります。上から「政治的中立性」を求めてはいけないんです。これは現場の一人一人の心の中にだけ、なければいけない。それは、現場が自由であるということが最も大事だったわけですね。

これは、いかなる分野であれ、「報道」とか、「教育」とか、「文化」とか、表現に関わる仕事をする、そういう分野では、どの分野にでも言えることだと思います。

「経営が余計なことしない」ということがですね、いちばん大事なことであって。これは、

「文部科学省が余計なことしなければ、教育は良くなる」こととも同じなんです。

まあそういう意味で私は、「余計なことはしない会長」になりたい。政府が「右」と言っても、右を向くとは限らない。政府が「左」と言っても、左を向くとは限らない。政府が「止まれ」と言っても、止まるとは限らない。政府が「行け」と言っても、行くとは限らない。そういうふうに要するに、政府の言いなりには絶対にならない、そういう公共放送、それこそがほんとうの公共であってですね。お上《かみ》に従うことが「公共」ではないんだ、そういうほんとうの意味での公共というものを追求するということにしていきたい、と思っております。

「放送番組編集の自由」というのは、これは放送法の3条にしっかりと書いてあるわけでありましてですね。番組、編集の自由というものは100%保障しなければならないと思っておりますが、会長になった暁には、まあその暁があるかどうかわかりません。会長になった暁には1つだけ提案したいと思っているものがございます。それはこの四半世紀ぐらいの間の、NHKのあり方を検証する番組を作ってほしい。これはぜひ、その現場の人たちに頑張っていただいて、そういう番組を作るということですね。これは命令でなくて「お願い」、提案をしてみたいなと、そんなふうに思っております。以上です。

参加者から――レイバーネットの松原です。予想される他の会長候補がいるのかどうか、聞きたい。それから経営委員が12人いますけれども、どんな顔ぶれなのか。それから、運動の進め方として、今、署名運動は提案されていますけど、他にどんなことを考えてらっしゃるのか？ もう一つ前川さんに伺います。この話を別なオンライン会議があった時に紹介したら、沖縄の山城（博治）さんがすごく喜んで、「あ、そりゃ最高だ」と。「今、沖縄は、もう戦争を煽られて、沖縄を盾にされようとしている」と、「それをいちばんやってるのはＮＨＫだ」と。だからもう「ＮＨＫやっぱりものすごくひどくて、それに対してこういう運動が非常に重要だ」と賛意を示されたんですけども、それについてのコメントをお願いしたい。

長井――「会長の今、有力な候補がいるのか」というご質問ですが、前田さんが決まった時の経緯を先ほど説明しましたが、（候補は）突然出てくるものなんですね。だいたい前田さんの時も、11月の終わりぐらいになって、ちょっと名前がちらほら候補として出てきたっていう感じなので、今は全く決まってないと思います。それで財界人に声かけても、なかなか受けてもらえないんですよ、実を言うと。ＮＨＫの会長3千数百万円ぐらいの報酬なんですけど、それって、財界のトップを務めた人にとって全然美味しくないんです。みんな1億円ぐらいもらって、いろんなところに行くので。しかもＮＨＫ会長って、メディアにはさらされるし、国会には呼ばれていじめられるし、全然美味しくないんですよ。だからなかなか、頼んでもだいたい断られるんですね。おそらく直前、12月だから今のパターンでいくと12月13日の経営委員会で、突然次期会長が決まって、新聞報道されてみんなびっくりするということになるんだと思います。

もし内部から上がるとすると、まあ、いちばんわかりやすいのは、正籬（聡）さんという、今、副会長がいらっしゃいますけど、この方がそのまま上がる、という可能性もあるかもしれませんが、それ以外は全く分かりません。

経営委員12人がどういう人たちかというと、いろんな方がいらっしゃって、それはNHKのホームページで見ていただくと、どういう経歴でNHKの番組は何が好きかなどが書いてあります。写真もついてるので、それ見ていただきたいんですが、以前は経営委員長の意向に逆らう、抵抗するような委員がいましたが、今はいません。政権との距離はそれぞれ12人に濃淡があると思いますが基本的には、政権寄りでしょう。経営委員長、今の森下（俊三）さんという人が、官邸なのか、自民党の有力議員かはわかりませんが、その人と相談して、「この人」と決まったら、12人は「賛成」と言って、決まってしまうというのが実態だと思います。

事務局からは、配布した資料にもあるように署名活動を全国で展開しています。ネット署名だけでなく、紙の署名も全国で展開をしています。

それ以外には11月22日に前川さんにもお越しいただいて、NHKの西口で街宣活動をします。これは職員に向かって、「内部でも声を上げてください」と。なんでこんな、市民とかOBとかが頑張って一生懸命やってるんだ、ということですね。今、職場でもすごい不満が鬱積しています。前田さんのめちゃくちゃな経費削減、受信料値下げだけを目的とした改革によってNHKはめちゃくちゃにされているので、現場の人たちも、非常に不満を抱いています。だから、「内部からも声を上げてほしい」という呼びかけをします。この日は経営委員会の開催日なので、経営委員にも届けよう、ということでやります。12月1日には、集まった署名を共同代表がNHKに持って行って、「経営委員会に届けてくれ」と提出し、午後、シンポジウムで前川さんや金平（茂紀）さんに参加していただいて、シンポジウムをやります。

前川――「身に余る言葉をいただきまして、ありがとうございます」と、山城さんにお伝えください。やはり報道機関の使命として、「あくまでも当事者に寄り添う」ということが、大事なんだろうと思います。「当事者に寄り添って」、「真実を追求する」、それがいちばん大事で、東京の会議室で真実が分かるわけがないと。これは教育行政にも同じことが言えるんですけれども、現場こそが大事なんだと思います。

現場に密着して、真実を伝えるということ。これが沖縄についても特に大事なことだろうと思います。それは、私の文部科学省での反省もございましてですね。文部科学省の行政の中で、沖縄に対して適切な対応をしてきたかということも、色々と問題があったわけです。

例えば2006年の、高等学校日本史教科書の検定でですね。沖縄戦のいわゆる「集団自決」について、「軍の強制があった」という記述を削除させると。そういう非常に政治的な意図に基づいた決定をおこなってしまった。これは間違った決定なんですよ、いまだに是正されていないわけです。あるいは私自身が経験したことでは、八重山の教科書採択に、国が介入したということがございました。

竹富町が採択したいと考えていた、中学校公民教科書を変えさせようと、育鵬社を採択させようと、こういう意図のもとで、強引に介入したということがございました。私はその担当局長だったんですけれども、非常に苦慮したわけですね。結果的には制度を変えることで、竹富町に、その押し付けをしないで済んだんですけれども、こういう懸案に対しては教育行政の面でも、いろいろと問題になると対応してまいりました。それを実は私も経験してまいりました。NHKが、間違ってもそういうことに加担することがないように、現場に密着して当事者に密着した行動をしていくということが、大事だと思っております。

会場から――フリージャーナリストの西中です。今の沖縄の問題で言うと、NHKは絶対にあの辺野古移設、「辺野古への基地の、普天間基地の移設」という言い方しかしない、「新基地建設」という言い方は、全くしないわけですね。

あるいは前川さんご自身は文科省の官僚だった頃に、例えば朝鮮学校の無償化の問題で、それも多分、心残りのことのひとつだったと思うんですが、「面従腹背」でやってきたというようなお話を何回か聞いたことがあります。今日のメンバーの方ですと、おそらく日本軍慰安婦の問題とか、戦後補償の問題、そういったことは、やはりなかなか今の状況ではもう固定化してしまって、正面から捉えなおすって、非常に厳しい状況だと思うんですが時間もない問題ですから、その辺は自分で変えていくってことを、アピールしていくのか、それとも「面従腹背」していく中で、改めてなんかできる可能性を探るのかとか、なんか会長として、文部科学省の官僚の頃できなかった頃のことを踏まえて、新たな「前川喜平像」みたいなのを出すのかとか、そういった心構えがあったらぜひ伺いたいんですけれども、いかがでしょうか。

前川――ＮＨＫはもう本来、自立的な組織でなければならないわけで、その会長である限りはですね、誰かに「面従」する必要はないはずです。だから「面従」はしません。

「面従」しなくていいわけですから、「腹背」もしないわけなんですが、思うとおりにやればいいんだと思っております。ただ、先ほども申し上げましたけど、番組の編集については、それは現場の自由を保障しなければいけないわけですね。

私の個人の見解を、番組編集や報道に押し付けるとかしてはいけないと思っておりますので、これは現場の職員たちが、どうやって自由に活動するか、ということにかかってくるだろうと思います。そうすれば自ら、辺野古の問題も、朝鮮学校の問題もですね、明らかになっていくだろうと思います。今は、「大事な問題なのに、十分報じられていないではないか」という、私自身の印象は持っておりますけれども、だからといって「きちんと取材して報じろ」と命じるということは、これはやってはいけないことなんだと思っております。

会場から――朝日新聞の中澤と申します。今のＮＨＫ、これまでのＮＨＫについて思っていらっしゃることと、また「公共放送とはどのようにあるべきか」というお考えと、今抱えている問題と、それをどのように改善するべきかということについて、具体的にお聞かせください。

前川――こういう本をお借りしました。『かっぱの屁―遺稿集』（法政大学出版局、1961年）です。これは、高野岩三郎さんという、戦後間もない時期にNHKの会長をされた方の手記です。この中に、日本放送協会会長就任の挨拶というものが記載されています。これを読んでほんとうにそのとおりだと思ったんですけど、この「メディアのあり方」として、「大衆とともに歩み、大衆とともに手を取り合いつつ、大衆に一歩先んじて歩む」ってこういう言い方をされていましてですね。大衆に迎合するのではなく、一歩先んじて、問題の所在をちゃんと知らせていく、と。これは非常に大事なことだろうと思いますね。

私自身はもう、まあ生まれてちょっとしたところから、テレビ放送が始まって、はっきり言って「テレビっ子」として育っています。小さい頃から毎日、「チロリン村とくるみの木」、それから「ひょっこりひょうたん島」とかですね、そういうものを観ておりましたしね。「ケペル先生こんにちは」とかですね。この高野さんもおっしゃっていますね。「娯楽的教育」と「教育的娯楽」と「娯楽と教育の統一」、こういうことが大事だという。「楽しく学ぶ」、「学んでいながら楽しめる」というか、そういうあり方って非常に大事だなと思ってますね。NHKには非常に私が、大学で勉強する以上にいろんなことを教えられてきたと思うんですよ。

今でもそうです、今でもドキュメンタリー番組は非常にいいものを作っておられると思いますしね。海外のいいものを紹介してくれる、そういう番組も非常に私は楽しみにして観ております。NHKは全部ダメ、とは思っていません。一生懸命頑張っている人たちもいる、と。

私が非常に印象に残っているのは、このまさに、「楽しみながら学ぶ」っていうか、そういう意味では、「バリバラ」っていうのは、大好きな番組なわけなんですけどね。あれはなかなか、私は毎回楽しみにして観ていますけれども、いちばんヒットを飛ばしたのは、「桜を見る会」の特集のときで、あれは「よくぞやった」と思いましたね。「快哉！」を叫びましたね。「NHKにまだ骨があった」ということで、ああいう番組を作った人たちを、大事にしたいなと思いますね。

一方で私は、加計学園問題では、非常に強く印象を持ったのは、NHKの非常に閉塞した状況でした。もう5年前のことですけれども、加計学園問題で、私はもうそのとき文部科学省を辞めておりましたし、文部科学省、あるいは政府のお世話になって、第二の職場を斡旋してもらったわけではないので、政府に対して何の義理もないのでですね。それ以降はほんとうに、100%「表現の自由」を享受して生きているわけですけれども、それ以前はね、ほんとうにほとんど「表現の自由」のない世界で仕事してたわけで、この5年間の解放感はちょっと言いしれないものがあります。

この加計学園問題で、私は知っていることを報道機関の方々の取材に応じてお話をしました。例えば「週刊文春」とか「朝日新聞」とかね。一生懸命取材して、報じてくれました。NHKも同じくらい、現場の記者がですね。私に密着取材してたんですよね。私が、先ほどご紹介あったように、一人で、弁護士が一人いましたから二人でやったんですけれども、一人で記者会見したのが2017年の5月25日ですが、それよりも1ヶ月前、4月中にNHKの記者が私の家まで訪ねてみえ、というか、押しかけてこられましてですね。私、うちの玄関先で、映像も撮っているんですよ。私が加計学園問題について、「これは官僚によって、もっとはっきり言えば、安倍首相によって、行政が歪められたんだ」と、こういう話を、私自身が自分の言葉で話している映像をNHKは持ってるんです。持ってたんです。それ2017年の4月のことです。私が記者会見する1ヶ月前です。で、それ、一切報じられてません、今に至るまで。私を取材してくれた社会部の記者は、文字通り私の目の前で泣いてましたよ。

「いくら取材しても、それがニュースにできない」、こういう悔しさがほんとうに伝わってきましたね。これはゆゆしきことだということだと、できればNHKの会長になりたいと思ってました。ほんとうにこれは、こういうことが続いているんだとしたらですね、これほんとうにゆゆしきことだと思います。

記者会見に踏み切った一つの理由は、ＮＨＫの記者から「記者会見してくれ」と言われたんですね。「記者会見してくれなければ、報じられない」と、そういうところまで追い詰められている。そういう現場の記者の苦しみを、私は分かち合うことができました。だから、ＮＨＫの会長に就任した暁には、その暁があるかどうか分かりませんが現場の記者の、自由な取材や行動を最大限保障するってことが、会長の任務だろうと思っております。

会場から――雑誌「放送レポート」というのをやっている、岩崎です。ＮＨＫに関して言えば、受信料の引き下げであるとか、将来的には衛星波とかラジオの電波の削減ということも、既に計画として定められるというところがあると思いますが、これについて、今の前川さんのお考えをお聞きしたいんですが。

前川――ＮＨＫの会長としての役割として、経営を真っ先に考える、「経営」には様々な意味がありますけれども、「経済合理性を真っ先に考える」ということではないだろう、と思うんですね。大事なことは、高野岩三郎さんが言っておられるように、「大衆とともに歩みつつ、大衆に一歩先んじて歩む」というような、こういういわば「社会の木鐸」というような意味あいがあると思いますけれども、「公共放送として、民主主義社会の基礎を担うんだ」と、そういう自覚を持つことが大事だと思います。

そのためにはですね、いたずらにその受信料を下げることだけを目的化するということは、これはおかしい。しかもそれを、政府から言われてですね。この「総理大臣がその、政府の所信表明演説で言ったから」といってですね、だからといってそれに従うというのはおかしな話であってですね。もちろん受信料は少ないに越したことはないんですけども、それはバランスの問題だと思いますね。

それから放送という事業がやはり、このいろいろなメディアのツールの発達の中で事業の変革を迫られるということは、それは当然あるだろうと思います。今はもう、お昼になってテレビを観ているのは、私のような高齢者ばっかりだということになっているんですね。若い人たちがなかなかテレビ観ない、そういうことも考えれば、やはりそのメディアのあり方についてはNHKというところとしても、時代に応じた形で業態変革していくということは、これは必然的に迫られることだろうと思います。しかし、それもその「憲法」、「放送法」に基づく公共放送の使命というものを軸にして考えるべきものであって、単に、経済合理性を求めるということではないと思います。

会場から――共同通信の原と申します。前川さんにお尋ねしたいのですが、先ほど加計学園の具体的な例がありましたけれども、NHKの放送をご覧になっていて、加計学園以外の部分と言いますか、日々の放送を今、どんなふうに評価されているのか、先ほどドキュメンタリーや「バリバラ」はいい番組だな、とおっしゃいましたけれども、「全部がダメだと思っていない」ともお話しでしたが、逆に言えばダメなこともたくさんあるということだと思うんですけど、どういう問題点があるとお考えになっておられますか?

前川――もっぱら問題があるのは、ニュースだと思います。あとは報道番組、日曜の討論番組とかですね。あとはみんな、いいんじゃないですか。

ドラマなんか楽しいですよ。最近のドラマで面白かったのは、「あなたのブツがここに」っていうのも、宅配やってる仕事をしている人たちの日常を描いているあのドラマなんか、ほんとう面白かったですね。非常にこうタイムリーでね。このコロナで苦しんでいる庶民の姿を、楽しみながら、しかし切実な問題を感じることができるという、いい番組だったなって思ってますけど、今のドラマも面白いですね。あの松坂慶子さんが、あんな役をするとは、思ってなかったですね。あれも、面白い。最終回どうなるのか、楽しみにしているんですけれども。

報道には問題があると思っています。だからあまり観ませんん。他の局を観ていますから、毎日どうなっているかってことはあまりコメントできないんです。多少諦めているところはありましてですね。で、大事なことをニュースで知りたいと思ったらNHK以外の局を観ている、ということがあります。

やはり報道は特に、忖度をしてはいけないということですね。国の行政機関のほうは、もう完全に忖度体質になってしまっているわけですけれども、公共放送というのはそういうものであってはならないと思うんです。特に報道、時事問題について、その姿勢には、非常にこう、疑問を持っております。

会場から――毎日新聞の松原と申します。前川さんにお伺いしたいのが、現在の前田会長の改革をどのように見てらっしゃるのかということです。今、前田会長は、「NHKのスリム化」っていうふうに称して、様々な効率、それこそ合理性で色々なことを、変革を進めてますけれども、例えば「人事改革制度」「縦割り社会を排す」といって、いろんな形で人事制度を変えているんですね。そういったものをどのようにご覧になっていらっしゃるのか。で、また、会長にご自身がなった時にそういった改革を踏襲するのか、あるいは全く別の形に変えるのか、どのようにお考えでしょうか。

前川——私は前田会長の改革というのは、噂程度にしか知りませんのであまり責任のあるコメントは、できないのですが。少なくとも言えることは、その、会長になった暁には……、その暁があるかどうかはわかりませんが、その前田会長がおこなっておられる改革は、一旦全部白紙に戻すことになるだろうと思いますね。その上でやはり、組織の中で、「改革」というのは常に考えていなければならないとは思いますけれども、これは議論をして、そしてこうみんなが納得する形でやっていくということと、その「みんな」というのは、もちろんその内部の職員たちが納得するということと、そして、放送を視聴してくださる視聴者の方々、受信料を負担してくださる方々、広く社会一般の納得が得られる形で改革をするということであって、それは間違っても政府から、「やれ」と言われたからやるということではないと。政府にはその権限はないと思うんですよね。少なくとも、政府の言いなりになるような形での改革というのは、あり得ないと。

会場から——「しんぶん赤旗」の和田と言います。「政府の言いなりにならない」という部分、実際問題どうするのかというところで、要は今のNHKを見てみますと、その今回の受信料の値下げにしても、菅さんがそういうことを言っているんだけれど、結局、案そのものはN

HKのほうで作って総務省のほうに出して、「私たちが自主自立で作りました」というようなことを言ってるわけですね。そういう形をずっとやってると。要するに政府に言われてとか、まさに官僚みたいなことを、NHKの職員がやっていると。そういう「自主自立」と言っても、そういうだけで済むのかどうか、そこら辺のやっぱり官僚だったというところも含めて、実際問題、NHKが政権に対して、圧力に対してどう対峙していくのかという部分で、お考えを聞かせていただければなと思います。

前川――これはNHKの会長という立場というよりは一市民、一国民としてなんですけどね。放送行政のあり方、仕組みですね。これが政治権力がストレートに及ぶような形を改めるべきだと思うんです。

本来NHKについても、経営委員会があって、経営委員会は「合議制機関」で、そこで政治的中立性が保たれるという前提だったはずなんですけども、それが保たれていない。この経営委員の人事権というものをフル活用して、特に安倍、菅長期政権のもとで安倍さん、菅さんの求める方向にNHKを変えていくような人たちばかりです。ほんとうに問題だなぁと思います。そういう人たちが任命されているということは。本来こういう合議制機関というのは、「不偏不党」「中立性」というものを確保するために合議制になっているわけですけれども、合議制である意味がないわけです、これでは。今の状態では、経営委員会はあってなきがごとき、という状態になっていると思います。本来の役割を果たしていない。

もう一つ問題なのは、総務大臣が「あーだこうだ」と言ってですね、それが経営に影響するというのは、非常に問題だと思います。やはり確かに放送行政というのは、限りある電波を割り当てるという、そこは何かしら国家権力が作用するわけですけれども、その国家権力の行使にあたって、それがストレートに政治権力、「政治がそこに力を及ぼす」ということではなく、やはり何らかの独立した行政委員会制度のもとに置くべきなんじゃないか、と思っております。

それでもまだその委員会の委員に、政治的な思惑による人事がおこなわれてしまえば仕方がないんですけれども。

たとえば、「野党推薦の委員が必ず2割はいなければならない」とか、そのような形。例えば私が文部科学省で仕事をしていた中で「ユネスコ国内委員会」っていうのがありますけれども、ユネスコ国内委員会には国会議員が入っているんですが、必ず野党議員が1人入ってます。そういうような形でですね、この一つの方向に政治的に引っ張られることがないような、そういう仕組みがどうしても必要なんじゃないかなと。これはこの、10年間の政府とＮＨＫの関係のあり方を見れば、それを反省すれば、なんらか、放送行政の仕組みそのものを見直す必要があるんじゃないかという、問題がそこに現れてくるんじゃないかと思っているんですが。

会場から――たびたび失礼いたします。フリーの西中です。先ほど「今、昼間はテレビ観るのは高齢者だけだ」と冗談半分におっしゃっていました。それで今、確かに、テレビも新聞もそうかもしれないんですが、従来からのメディアというのが、やはり以前のようにみんながテレビに流れている時代ではもはやないのかな、というふうに思います。ＮＨＫの中で報道の番組に問題が多いんじゃないかというお話もありましたが、テレビの可能性というか、やっぱり「ここのところは力を入れてやるべきだ」というような、テレビメディアに対する思いを伺いたいんですが。

前川――私はほんとうに、もう小さい頃から「テレビっ子」だったですからね。もうテレビなかったら生きていけないかなっていう気がするんですけど、ただ少なくともテレビ、メディアとしてのテレビの比重が下がってきているというのは、やむをえないと思いますね。「他のメディアにできなくて、テレビにしかできないものは何か?」というのは、これは今から追求すべき大きな課題なんだろうと思うんです。それが「何なのか」っていうの、なかなか私、あの一概に言えないところがあります。ただ、ネットメディアと違うところは、一つのフォーラム、いろんな多様な立場の人、多様な意見の人たちを一つの場に集める、そういう機能っていうのはやっぱりテレビ、特に公共放送であるＮＨＫには、そういう「フォーラムを作る」という大事な使命があるんじゃないかと思うんですよね。

ネットメディアっていうのは、自分の好きなものを発信する。それを主張したい人は主張する。そこにはどうしても偏りが出てくるわけで。自分でバランスをとってみようと思っても、私はやっぱり見たくないものは見たくないわけですよね。「見たくないものまで見よう」というふうにはならないわけですね。テレビというのは、色々な立場の人が集まるフォーラムを作ることによって、必然的にそこで聞きたくない意見も聞くこと、聞く機会ができる。見たくない人の顔も見る、要は見たくない人の顔が随分出てくるわけですね、テレビというと。だから、テレビって切りたくなっちゃうわけですよ。

だからこそ、異なる立場の人、多様な立場を代弁する人たちが一堂に会するようなフォーラムを作るという、そういう意味合いというのは、テレビの使命として残るんじゃないかなと。ネットメディアでは、なかなかしづらい部分があるんじゃないかなという気がします。

司会――放送の自立性、公共性そして今後のＮＨＫ、放送のあり方についてのご見識等を伺ってたいへん感銘を受けました。またこれほどテレビが好きな方で嬉しいです。私たちが前川さんを推薦する気持ちが大いにまた盛り上がりました。ありがとうございました。

実は前川さんを私たちが推薦する理由の一つに、現在のNHK内部の疲弊の問題がありま す。前田体制の中でのご質問もありましたけれども、実はここでNHKの現職の方の声を紹介したいと思います。現職の方々は、勤務時間ですので声を出してここで発表するというわけにいきませんので、代読という形をとりたいと思います。

代読の内容は後ほどプリントアウトしたものをお渡しいたしたいと思います。代読していただく方は大﨑雄二さん。大﨑さんはNHKの元北京の支局の特派員として、「天安門事件」のときに、最後まで現場に留まって中継をしていたという記者の方です。現在は法政大学の教授をされています。それでは大﨑さんよろしくお願いします。

大﨑――天安門の前にですね、ここにいる長井と一緒に、大規模な民主化を要求するデモを取材していました。そのときに歴史学を勉強している長井が言った一言を、ずっと覚えているんです。「歴史が変わる瞬間にいま立ち会ってるんだ」と、すごく上気した顔で言ったのを覚えているんですが、そんな現場にいた我々です。今でも2人でよく言うんですけども、当局側の取材の許可を一切得ずに「NHKスペシャル」を取材しました。確かにそういう番組、ほかにないんですね。そのときに、私はいろんな大学だとか民主化を求めてる人たちの声を聞いてまいりました。それと同じことが今、NHKで起きています。後でお渡ししますけども、「これを言った、私が発言したということがわかっては困る」とかですね、それから「特定されないようにしてください」とかっていう声がものすごく多かったんです。なのでちょっと手間取りました。申し訳ありません。事前にお渡しできなくて。

それでもう一つ私が体験したNHKの内部での「ファシズム」。余計な話ですけど。これはワンマンで知られた島桂次という会長がいました。「島ゲジ」というふうに呼ばれていたんですけども、その「島ゲジ」が北京に来たときに、私は通訳と運転手の担当でしたけれども、運転手をしているときに後部座席から理事との会話が聞こえてくるんですね。これは恐ろしい内容でした。そしてそれをこっそり支局長に後で報告したんですが、人事はその通りになりました。で、東京に戻って、東京で初めて勤務をしたんですが、そのときの局の雰囲気っていうのは、何て言ったらいいんでしょうね、「ファシズム」っていうのはこうやって起きるんだ、あるいは平安時代に野武士が、お公家さんの集団に乗り込んだらこうなるんだっていう実感がありました。その2つの体験を踏まえて、今から職員の声をお伝えいたします。

これは、世論調査のようにアンケートの用紙を配ってという定量的な調査ではありません。私たちのこのメンバーが、いろんな会を開いたり、それから別の独自のルートで集めた、まさに私が北京で取材をしていたような「地下の声」です。なので定性的な手法による質的調査だとご理解ください。

まず、「会長、政権に対する忖度」ですが、これは長井から説明がありましたけれども、「会長が財界人続きのせいもあるのか、ＮＨＫ自体が『公共』でなく『経済集団』に変わっていることへの危機感がある。『かんぽ問題』を契機に経営委員会の議事録も読んだが、被害に遭われた方に寄り添う気持ちは微塵もなく、経営者の視点で押し通す傲慢なやりとりに、一般の生活実感とかけ離れていると感じた」こういう声があります。

それからもう一つは政治との関わりです。「ＮＨＫの番組制作現場では、政治家への忖度が上層部から降りて来そうなテーマに対して、『政治部マター』という言葉がしばしば使われる。忖度の度合いはときに必要以上で、年度末の予算審議への影響が配慮され、正当化されがちだ。３年に一度の経営計画、毎年の予算事業計画の国会承認をスムーズに得ることを目的として、政治部出身者に権限が集中しがちなことなど、組織の力学も決まっている。過剰な忖度

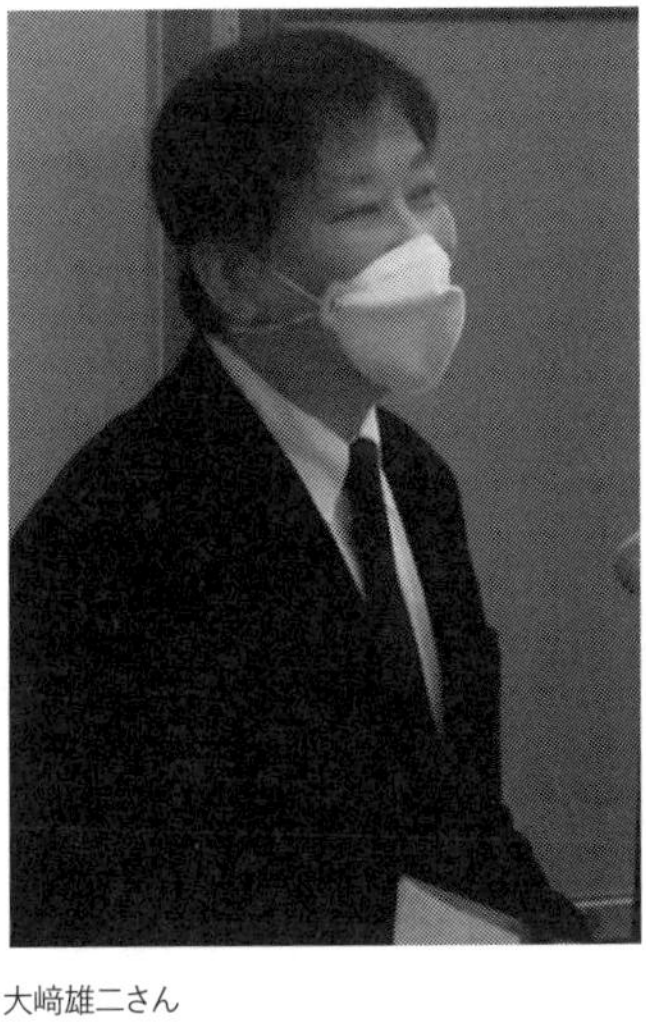

大﨑雄二さん

が罷り通る組織風土を変えるためには、それ自体、放送法違反であるところの、放送内容に介入するような国会論議や外部からの圧力を許さない、毅然とした姿勢を示すことができる会長の存在が不可欠だ」こういう声があります。余計な話ですが、今、その副会長をやっている正籬は同期の記者です。研修時代から「気をつけ」をして「良い子」でしたけれども、副会長にまでなっています。仲良しではありません。

もう一つ、視聴率の話です。さっき「どこの立場に立って」というのがありましたね。「NHKが指向すべきなのは視聴率ではない。番組を通じて課題に対する解決策をどう提示し、どんな意識・行動変容を及ぼし、社会にどんないい変化をもたらしたかを評価軸にすべきだ。視聴率、接触率、これを業績評価基準、指標――KPI（重要業績評価指標）とする今の制作体制では世の中に一切役に立っていない。こういう声があります。

それから「働き方改革」ですね。私のゼミの卒業生が、男なんですけども今、北九州放送局で記者をやっていますが、育休をちゃんととっています。変わったな、自分のゼミ生ながら、びっくりしました。そういう形式的なことはありますが、実はここにも別の声があります。「働く人の健康と生命が尊重されるNHK。佐戸未和さんの過労死を受けて、『一般職・管理職・関連団体の従業員、外部スタッフを含め、NHKで働くすべての人の生命と健康を最優先する』と宣言したにもかかわらず、渋谷の放送センターで、しかも同じ職場で、またも過労死があった。『新システム導入や制度変更のために生命と健康が脅かされるというのは本末転倒』との怒りの声がある」この制度の改革のために、またみんなが時間や手間をかけるっていうことですよね。

それから先ほどフォーラムの話もありましたけれども、「放送の自主自立、受信料制度の将来、インターネットと放送の関係などさまざまな問題を、放送法に立ち返って労使で議論する『放送法活性化会議』の設置を」と、こういう声があります。

今朝入ってきたばかりで文書に入れられなかったホットな問題の指摘もありました。河瀬直美さんのこの前の番組の問題です。「BS1スペシャル『河瀬直美が見つめた東京五輪』をはじめ、近年起きている誤報、不適切な表現、説明不足について、協会内ではその都度、各部局単位で勉強会を設けたり、センシティブな内容の番組では、リスク管理者が試写に入るなどのルールが設けられました。しかし一方で、これが取材者や視聴者のためではなく『NHKで働く職員』を守るために変容している点が多々あります。例えば、勉強会はほぼ一方的な座講で終わる事が多く、職員同士で議論したり、視聴者と顔を合わせることはありません。局内の問題について詳しく触れること自体がリスクと捉えられ、取材に基づいた情報よりも、『炎上しないかどうか』『片方取り上げたらもう片方から責められないか』が常に問われ、守るために両論併記にしたり、情報自体を出さない事もあります。組織防衛のためのリスク管理は組織をより萎縮させ、権力監視という役割は果たせません。この在り方について変えなければという思いは多くの職員が持っています」と。

こういう、中で踏ん張っている職員から声が届いています。また引き続きお知らせをしたいと思います。

司会——ありがとうございました。現場の声にも答えながら、この運動を進めていきたいと思います。最後に今後の運動の進め方について、事務局の小滝さんのほうからお願いします。

小滝——今日の所信表明を聞いて、ますますぜひ会長に、前川さんになっていただきたいという気持ちを強く持ちました。

今日、NHKの経営委員会に申し入れしてきたそのことを簡単に報告したいと思います。午前11時、代表3人でNHKの経営委員会に前川さんの推薦状とそれから前川さんの経歴を経営委員会に提出して、「経営委員会で開いている指名部会で、ぜひエントリーしてください」と、それでできることならば会長に選んでくださいということを申し入れてきました。

視聴者窓口の態度が非常に変わっていました。アポを取ったときには、「経営委員会に文書を郵送しろ」「直接話を聞くことはできない」というような形で断られたんですが、今日はアポなしで行きましたが、一応受け取らせました。それで経営委員会事務局に提出したことになっています。ただ、協会窓口が我々の申し入れに対してアポを取っても受け付けない。それから窓口の担当者に「名刺をください」といっても渡さない。視聴者に対して閉鎖的というか、上から目線のNHKというのを改めて感じました。もし、前川さんが会長になったらですね、「視聴者に開かれたNHK」を作っていただければと思います。今日提出したのは、放送制度がもし、経営委員会が「推薦制」とか「公募制」のようなBBCでやっているような形をとっていれば、当然「立候補届」というような位置づけになると思うのですが、これがどう扱われたかということに私たちは非常に関心があります。もし、メディアの人たちがそういうことを質していただく機会があるんだったら、是非質していただきたいと思います。それから、前川さんほんとうに推薦を受けていただきありがとうございます。是非、なっていただきたいと思います。

司会――ありがとうございました。それでは「前川喜平さんを次期NHK会長に推薦します」の記者会見をこれでお開きにしたいと思います。

前川喜平さんからＮＨＫ職員へのメッセージ

（２０２２年11月22日、ＮＨＫ放送センター西口前）

おはようございます。前川喜平です。

図らずも、ＮＨＫのことをたいへん心配していらっしゃる市民の方々の要請を受けまして、「市民が推薦する次期ＮＨＫ会長候補」ということになりました。経営委員会が私を選ぶ可能性は、ほとんどないとは思います。しかし、本来、市民に開かれたＮＨＫであればですね、私が自分で言うのも変ですけれども、有力な候補になりうるのではないかと、思っております。

メディアと教育――民主主義の基本

メディアと教育、私は教育行政をずっとやってまいりましたが、メディアと教育は、民主主義の基本なんです。メディアと教育が崩れたら、民主主義は崩れます。今、世界は、「専制主義か民主主義か」という岐路に立たされている。民主主義が危ない。アメリカだって危ない。日本はもっと危ない。民主主義がつぶれた国もたくさんある。香港もミャンマーも、そうやって、民主主義はどこから崩れていくか、メディアと教育から崩れていきます。２０１２年に第２次安倍政権ができてから、もう10年になりますけれども、この10年の間にこの民主主義の崩壊は、かなり音を立てて進んできたと思います。

なんとか、ここで食い止めなければならない。そのためには、もちろん教育は大事。これは、教育の現場にいる教師たちがどれだけ頑張ってくれるかということが大事になってくるわけで、逆に言うと、「文部科学省や教育委員会がよけいなことはしない」ということが大事なんですよ。同じようにメディアが非常に危ない。この、メディアが国民の知る権利に、ほんとうに奉仕する機関になっているのか。

報道の自由と教育の自由、学問の自由、これは民主主義を支える両輪だと言っていい。知る権利と学ぶ権利、この知る権利と学ぶ権利が実現されてはじめて、民主主義を支える賢明な主権者も育つわけです。

メディアが政府のウソばかり垂れ流していたら、市民、国民はほんとうのことを知ることができません。ほんとうのことを知ることができなければ、間違った政治を正すこともできません。そういう状態がもう、どんどん進行しているのが、現在の状況だろうと思います。そうやってメディアをコントロールすることによって、長期政権というものが実現してきたんだろうと。これを何とか逆転させなければほんとうに日本の民主主義が危ないと私は思っています。

自由で独立したＮＨＫを

そういう思いがあるからこそ、突然のご依頼でございましたけれども、ＮＨＫ会長の候補というのをお引き受けしたわけであります。もし、万が一、ＮＨＫ会長になった暁にはですね、私は、ＮＨＫをもっともっと明るく自由な場所にしていきたい。自由に番組を編集する、自由に取材し、自由に報道する。ＮＨＫの会長がいちばんやらなければいけないことは、「組織の中の自由を確保すること」です。その自由を脅かす外からの力をはねのけることです。それをやることこそが、ＮＨＫの会長の真っ先にやらなきゃいけない任務だと思います。

ところが、この間、ずうっと逆に、外からの圧力、政治の権力からの要請に唯々諾々と従うような、そういう人たちが会長に選ばれてきた。そういう会長を選ぶような人たちが経営委員に選ばれてきた。私はこれまでの経営委員の顔ぶれを見て、ほんとうに愕然とする思いです。民主主義の世界から見れば、いてはならないような人たち、こういう人たちがなぜ日本の言論界や、あるいは経済界や、あるいは学会といったところに居場所があるのだろうかと。そのような人たちが経営委員をやっている。

そういう人たちが選ぶのだから、まあとんでもない人にしかならないわけですけれども。結局、それは政権が選んだ人が会長になっている。政権の言うがままのことをやっている。籾井さんっていう会長が、とんでもない妄言を吐きましたね。「政府が右というものを左というわけにはいかない」、こういうことを言った。政府の言いなりになるような、そんなNHKになってはならないわけであって、ほんとうの公共性というのは、お上の言うことを何でも聞くということでありません。お上が公共なんじゃありません。公共は我々市民がつくるもの。

これは政府だってそうです。政府は、我々がつくるのが政府なんであってですね、政府が言うことを、いま権力を握っている人が言うことが公共なんじゃないです。

公共放送というのは、社会に開かれ、市民に開かれた存在なのであって、視聴者、市民に支えられて、視聴者、市民の中に入っていってこそ、はじめて公共放送としてのNHKがありうるんだと思います。ほんとうに市民が知りたいと思っていることを知らせるのです。

あるいは市民がまだ知らないことを真っ先に気がついて知らせてあげる。

これは、戦後間もない時期にＮＨＫの会長になった高野岩三郎《たかのいわさぶろう》という人が、「大衆と共に歩むＮＨＫ、そして大衆よりも一歩先を歩むＮＨＫ」、こういうＮＨＫのあり方を職員に対して語ってくださってます。高野岩三郎っていう人は、日本国憲法のＧＨＱ草案のもとになった憲法草案を作った憲法研究会のメンバーだった人です。日本の民主主義の礎を築いた人なんです。この人が戦後のＮＨＫの礎を築いてくれた。それは逆に言うと、戦前の日本放送協会がどんなことをしていたか、戦前の、戦争に協力したＮＨＫを深く反省したからこそ、新しい民主的なＮＨＫをつくろうと、こういう決意を新たにしたわけです。

「面従腹背」

これは日本の教育もそうだったんです。学問の世

界もそうだったんです。独裁政治、軍国主義に奉仕してしまった教育、これを深く反省したからこそ、戦後の民主教育があったわけで、最初の頃の文部省はほんとうに民主教育をちゃんと進めてたんですよ。

私は38年間、文部省、文部科学省で仕事をしておりましたが、ほんとうの意味で民主的な教育が進められたかというと、そこは忸怩たる思いがございます。先ほどの経営委員を6年なさっていた小林緑さんと同じようにですね、組織の中で本来あるべき姿を実現できなかったという、そういう思いは実は深く私も心に刻んでいるわけであります。

特に最後の数年間、ひどかったんです。私が文部科学省を辞めましたのは、２０１７年ですが、２０１２年の暮れから２０１７年のお正月までこの4年間、私は第2次安倍政権のもとで文部科学行政にたずさわっておりましたが、どんどん、どんどん教育がおかしくなっていく。そういう状況の中で仕事をしておりました。自分が志す方向とは違うことはさせないで、こういうことがもう毎日のようにあったわけであります。私は文部科学省に勤めている間、「面従腹背」というのを実は、まぁ、座右の銘として、公言はしませんが、自分の心の中でですね、しかしおかしな命令には心の中ではあらがう、表面上は従わざるえないことが多いんですが、心の中ではあらがうと、こういうつもりで仕事をしていたんです。

おそらく今、ＮＨＫの中で仕事をしておられるたくさんの職員の方の中に同じ思いの方がたくさんいらっしゃるんだろうと思います。「こんな組織でいいのか」と、「こんな仕事でいいのか」と、「こんなことをさせられる自分でいいのか」と思いながら、やむを得ざる思いでその仕事をやっている。やりたいことができない、しかし「なんとか、いつか、自分がやりたい仕事ができるようになりたい」「ほんとうに自由な番組編成、自由な報道がしたい」、そういう思いで仕事をしているＮＨＫの職員はたくさんいらっしゃるはずです。

自由な「魂」と自由な公共放送

私は、「出口のないトンネルはない」「春の来ない冬はない」「こんなＮＨＫがいつまでも続くわけはない」「いつか皆さんが自由に、ほんとうに市民のための仕事ができる」「そういう時代が必ず来る」と、それを信じて、くじけずに頑張っていただきたい。

心の中の自由は決して売り渡してはいけない。自由があるからこそほんとうの公共性というものが生まれます。精神が隷属した人間には、ほんとうの公共性を実現する力はありません。ほんとうの自由の中からこそ、ほんとうの公共性が生まれる。だから、くじけずに頑張っていただきたい。

ときにですね、この「心ならずもしなければならないこと」があるでしょう。そのときには、「仕方がない」と思って、あきらめてやる、そういう場合もあると思うんですよ。しかし、魂を売っちゃいけない。自分の魂をなくしてはいけない。それは強く訴えたいと思います。

魂を売ってはいけない。しかし、まぁ、一時的に貸すことはあっても仕方がない。一時的に貸すことがあっても、貸した魂は、あとでちゃんと取り返す。そして自分の魂を大事にする。ほんとうの自由を大事にする。絶対に売り渡してはいけないんです。

もともと魂がない人はですね、いくらでも売れるんですよ、自分の魂を。そういう人たちが経営委員だとか会長だとか、やっている。そういう人たちに付き従う。もともと魂をもっていないような人たちはですね、魂売っても苦になりませんから、そういう人たちがどんどん上の上層部を占めていくということが起こります。これは、霞が関の各省庁で起きたことです。魂売った人間ばっかりが、事務次官や局長だっていうそういう重職を占めてきたわけです。

まあ、中にはですね、私もそうだったんですけど、中にはほんのちょっとですね、魂は売ったふりして、売ってないと。こういう、「空売り」していた人間がいるわけです。こういう人間はほんとうにもう少なくなっていると思います。

それでも、そういう人間こそですね、なんとか組織の中に生き残って、次の時代をつくる。これが大事なんです。ですからＮＨＫの職員の皆さん、魂を売らないでその魂を大事にして、新しいＮＨＫをつくるときにその魂をもういっぺん発揮して、ほんとうの意味での公共放送を、政府に忖度せず、政府におもねらず、政府に隷従しない、どんな権力にも屈しない、そういう自由なＮＨＫを、ほんとうの意味での公共放送をつくる。そのために、今は我慢して、なんとか、頑張っていただきたいと、そう念願しております。

いつか一緒に仕事をすることができる「かも」しれませんので、そのときの楽しみにしていただきたいと思います。

川喜平さんを次期NHK会長に!
市民とともに歩み自立したNHK会長を求める会
2022 11 22

シンポジウム　公共放送ＮＨＫはどうあるべきか

〜市民による次期ＮＨＫ会長候補・前川喜平さんと考えるメディアの今と未来〜
２０２２年12月１日（木）13：30〜　衆議院第１議員会館１階多目的ホール

市民とともに歩み自立したＮＨＫ会長を求める会
　共同代表　小林緑（元ＮＨＫ経営委員、国立音楽大学名誉教授）
　　河野慎二（日本ジャーナリスト会議運営委員）
　　丹原美穂（ＮＨＫとメディアの今を考える会共同代表）
パネリスト
　前川喜平（現代教育行政研究会代表・元文部科学事務次官）
　金平茂紀（ジャーナリスト・早稲田大学客員教授）
　上西充子（法政大学教授・国会パブリックビューイング代表）
報告者
　鈴木祐司（次世代メディア研究所代表・元ＮＨＫ放送文化研究所主任研究員）
司会
　永田浩三（武蔵大学教授・元ＮＨＫプロデューサー）

開会の挨拶

丹原美穂

みなさま、こんにちは。本日は、「シンポジウム公共放送ＮＨＫはどうあるべきか～市民による次期ＮＨＫ会長候補・前川喜平さんと考えるメディアの今と未来～」にお越しいただきまして、ありがとうございます。また、ネットで視聴してくださっているみなさま、ありがとうございます。

この会に先立ちまして、今日の午前中にＮＨＫ経営委員会あてに「前川喜平さんをＮＨＫ次期会長に」というネットの署名と紙署名を提出してきました。11月１日から始めた署名活動ですが、１か月で、ネット署名は２万３５９４筆、紙署名は２万４２５筆。合計４万４０１９筆となりました。

署名してくださったみなさま、

署名活動にご尽力いただきましたみなさま、ほんとうにありがとうございます。とりわけ、手間のかかる紙署名を担当してくださった「NHKとメディアを考える会（兵庫）」のみなさま、ありがとうございます。

署名活動は、会長、次期会長候補が決まるまで続けますので、引き続き、みなさま、よろしくお願いいたします。

永田――ありがとうございました。今、ご挨拶させていただきましたのは、「市民とともに歩み自立したNHK会長を求める会」共同代表の丹原美穂さんです。今日は朝、岐阜を発って駆けつけてくださいました。

それでは今日のシンポジウム、まずパネリストの方をご紹介させていただきます。中央から、現代教育行政研究会代表で、元文部科学事務次官の前川喜平さんです。続いて、法政大学教授で、「国会パブリックビューイング」代表の上西充子さんです。ジャーナリストで、早稲田大学客員教授の金平茂紀さんです。それから私の隣、今日のシンポジウムの報告者を務めてくださいます「次世代メディア研究所」代表、元NHK放送文化研究所主任研究員の鈴木祐司さんです。司会・進行は私、永田浩三が務めさせていただきます。むかしはNHKのプロデューサー、今は武蔵大学の教員をしております。どうぞよろしくお願いいいたします。

今日のテーマですが、いったいいつからNHKの自主・自律というものが揺らいだのかということについて改めて考えます。NHKが「アベチャンネル」と言われるようになって、もう久しいです。来年の1月ですが、NHKの次期会長が誕生することになりますが、またぞろ政権の言いなりの会長が選ばれることを、断じて許さないという思いです。

私たち「市民とともに歩み自立したNHK会長を求める会」が立ちあがったのは、ちょうど2か月前、10月初めのことでした。そこで私たちは前川喜平さんを候補者として推薦し、前川さんもそれを受けてくださいました。ありがとうございます。

先週ですが、11月22日の火曜日、ＮＨＫの西口前で前川さんと私たちがＮＨＫの経営委員会、そして職員に向けて街頭宣伝をおこないました。それを受けて今日はこれから2時間あまり、今のＮＨＫの何が問題なのか、あるべき公共放送とはどういうものかについて前川さん、そして日本社会の最前線で日々発言をしておられる気鋭のパネリストと報告者の方と共に考えてまいります。どうぞよろしくお願いいたします。では前川さん、まずその会長候補になってからの反響も含めて、一言お話しいただけますか。

前川――永田さんとはもう数年来のおつきあいです。その永田さんから10月の上旬ぐらいでしたか、メールをいただきまして、何だろうと思ったら、「ＮＨＫの会長の候補になってください」という話でですね。思いもよらない話だったんですけども。しかし、「他に適当な人がいないんだったら、まあ私でもいいかな……」と。ＮＨＫのあり方には確かに深い疑問を抱いておりましたから、お話をお受けしたわけです。

ネット署名なども始まりまして、私の周りの人間、例えば私の家族なんかですね「寝耳に水」だったんですね。「ＮＨＫの会長に『立候補』したんだって？」とか言われまして。「立候補」ということが、ちょっと正確ではないような気がするんですね。「候補になった」というか「候補にされた」かですね、それが近いわけであってですね。もっと言えば「勝手に候補にされた」というか。ＮＨＫの会長が公選制か、公募制であると思っている人がけっこう多くて、「ぜひ前川さん、なってください！」とか言われるんですけどね、「なるはずが、ほんとうはないいんだろう」と思っているんですけども。経営委員会がほんとうに心の底から改心するようなことがあれば別ですけれども。それはちょっと望めないんではないかと思っておりますので。しかし一つの石を投じることにはなるだろうと。これをきっかけにＮＨＫが立ち直るような、そういうきっかけになってくれればいいんじゃないかと思っております。

今日は私だけネクタイ締めていますけども、このポスターがですね、ネクタイ姿の私なんでですね、これに合わせたんですね。ネクタイの色は青いんですけれども、テーマカラーがブルーなんですね。別にアメリカのデモクラッツ（民主党）っていうわけじゃないんですけれども、テーマカラーが青なので、それでまあ無理やり青いネクタイを…… これは空を飛ぶグライダーのように、自由に、そういう意味で、こういうい

でたちでまいりました。よろしくお願いします。

上西――公共放送ＮＨＫはどうあるべきか、公共の放送なんだから、国が勝手に決めるものではないんだと。なので基本的には私たちが声をあげて、公共放送としてこういうあるべき番組を作ってほしい、だからこういう人たちに経営に携わってほしいということを私たち自身が問題提起して、かつ候補者を選び出していくという動きが非常に重要だと思いまして、私は今回参加させていただきます。

金平――私は、ＮＨＫはほんとうにダメだな、と思いながら民間放送で45年ジャーナリストをやってる人間なんで。例えば、取材現場とか、事件が発生したら行くでしょ？　するとね、いつもＮＨＫって僕らの5倍ぐらいですよ、人数が。5倍って言うと大げさだけど、要はいっぱい人がいて、ものすごく潤沢に人がいて、体制もしっかりしている。だから何かあったときにその役割を、僕らよりも、民放よりもちゃんと果たしてほしいっていう思いがあります。

僕は、日本でテレビ放送が始まった年、１９５３年に生まれたので、『ひょっこりひょうたん島』や『お笑い三人組』を見て育った人間です。だからテレビによって自分たちの価値観を育んできた人間なんです。近年のＮＨＫというもののあり方を見たときに、「やっぱりちょっと変だよね」って思いがずっとあってですね。よく考えてみると、会長って、この何代かロクな人がなっていないじゃないですか、はっきり言いますけどね。こんなに放送のことをわからない人間がトップにいて放送がうまく働くわけじゃないよなって。

ほんとうは、僕らの仕事というのはボトムアップなんですよ。現場を見てきたやつがいちばん偉い。現場で作ってる人間がいちばん偉い。ところがいつの間にかNHKもトップダウンになってしまって、上から何か言うと、みんなそれに逆らわないで、抗わないで、優秀な「株式会社NHK」みたいになっちゃって、それが残念でしょうがないんですよ。

前川さんを推挙するって話がきたときには、「これ面白いな、適材だな」と。僕は前川さんを取材対象として、取材する人間としてお付き合いをしてきました。とても潔いですよね。公務員のいろんなことを見てきた中で、この間も赤木雅子さんの判決ありましたけれどね、ひどいですよ。そんな中で、公務員のあるべき姿みたいなものを、ちゃんともっておられる方だというふうに思っていました。

今日はそういう意味で、いま何が起きてるかっていうのを考えて……、これから会長を選ぶことになるNHKの経営委員の人ですよ、これもひどいけど。だけど「ダメだ、ダメだ」って言ってる限りは、何も変わらないんでね。そういうことで、変わるきっかけっていうんですか、「一石を投じる」とおっしゃったんですけど、僕は案外真剣なんですよ。だって次に選ばれる人って、全部前川さんと比較されるじゃないですか。「なんでこんなの?」という話になったときに、これはすごく大事なことで、その意味では今日はあけすけに、全部ほんとうのことを言おうと思っています。

永田――ありがとうございます。シンポジウムの最初のテーマは「NHKのニュースがおかしい」。報告者の鈴木祐司さんです。元NHKのディレクターで、編成の仕事もされ、放送文化研究所で、放送のありようについて研究を続けてこられました。それでは鈴木さん、報告をよろしくお願いします。

NHKのニュースがおかしい

鈴木祐司

次世代メディア研究所の鈴木と申します。

永田さん、長井さんとは同僚としてお付き合いさせていただいておりました。今回のシンポジウム「公共放送NHKはどうあるべきか」に出ろ、と突然言われまして、戸惑っています。

次世代メディア研究所の立場からはっきり言うと、公共放送NHKは壊滅します。つまり、放送は10～20年スパンで見ると、ほとんど意味をなさなくなっていきます。何に変わるかというと、伝送路がIT網と言いまして、インターネット網ですね、そっち側が中心になっていきます。私は10年以上前からそう考えてきました。NHK在職中も「放送は終わるんですよ」と話してきました。なかなか上の人たちは聞く耳をもってくれませんでしたが。それでも、変えるためのいろいろな実験はさせてくれました。という経歴ですが、現状で何が起こってるか、そして将来を見据えるためには何を考えなきゃいけないのかというお話をさせていただきます。

まず統計の話から入ります。このグラフ、「G帯」と書いてあるのは、夜7～10時という放送でいちばん大事な時間帯です。PUTとは総個人視聴率です。国民の中で何％ぐらいの人たちがテレビを見ているかを示します。どのチャンネルかではなくて、テレビ放送自体を見てる比率です。

90年代は40％、4割ぐらいの人たちがこの時間帯にテレビを見ていました。ところが、徐々に比率は下がります。特にこの10年、ペースが速くなっています。インターネットが出てきて、SNSをやる人が増えた影響です。で、2020年でピョンと上がっています。これはコロナ禍で、在宅の人たちが増えたためです。その後、反動のようにガサッと落ちています。この多くの国民の行動パターンというものを無視して、メディアの将来を考えるのは無理だと考えています。

今日の第1コーナーは、NHKニュースに焦点を当てるということなので、2枚目の図を用意しました。「G帯」でのPUT、つまりテレビを見ている人の比率と、NHK総合テレビを見ている人を比べました。

これで見ると2021年の上半期ぐらいまでは、NHKは高かったんですね。なぜならコロナで緊急事態宣言が出たために、皆さん、ニュースに大きな関心をもった。実はNHKの「G帯」は、7時のニュースが30分、『ニュースウオッチ9』が1時間、そして8時45分から15分がローカルニュースです。3時間のうちの1時間45分がニュースなんです。つまりニュースがどれだけ見られるかで、NHKの「G帯」の視聴率に大きな影響が出るのです。

さらに21年度上半期までは、東京オリンピックがあったり、熱海で土石流が起こったり、やっ

鈴木祐司さん

ぱりニュースが大きな関心事だったんですね。この間に菅政権から岸田政権になりましたけど、ＮＨＫ総合テレビの視聴率は落ちていきます。世の中的に衆院選があったり、ウクライナへの侵攻があったり、それから安倍元首相が銃撃されたりと重要なニュースがたくさんありました。それでもＮＨＫ総合テレビは選ばれなくなっていました。これが統計的には大きな変化だと私は思っています。

じゃあ、誰がどういうふうにＮＨＫのニュースから離れたのかを示すのが、３枚目です。「個人全体」はこの黒い太い四角印です。コロナが始まる前の19年と比べると、いずれもコロナで1回上がるが、その後下がる傾向にあります。ただし、22年度第14半期の「個人全体」は、19年と比べて下がっていません。

最大の要因は、灰色の折線の部分、「4層」に相当する65歳以上の方たちです。この人たちがＮＨＫをよく見ていて、結果的に全体を引き上げています。2割ほど増えていますね。ところが問題は、「2層」（35～49歳）もしくは「3層」（50～64歳）、いちばんひどいのは「1層」（20～34歳）です。つまり65歳未満の人たちは、ＮＨＫ総合テレビ離れを起こしています。

これはあくまで、単なる統計ですので、なぜそうなったのかはわかりません。ですが、年齢的に見ると、高齢者だけがＮＨＫを見ていて、他の層はどんどん離れています。実は、私はＮＨＫ放送文化研究所時代、この問題を研究していた時期があり、口が悪い私は、「日本のお年寄りはＮＨＫ好きが多く、カラーバーが出ていてもＮＨＫを見る人がいっぱいいる」と冗談を言っていました。今回、コロナが始まって、いろんな問題が起こったのですが、やはり高齢者の傾向は同じでした。

ところが４枚目のグラフが要注目です。「特定層別視聴率」です。「特定層」ということで、いろんなタイプの人々の視聴率が見られますが、ここでは「政治に関心があり」層と、「地域・暮らしに関心あり」層を見てみましょう。後者は教育・介護・医療、それから地方自治に関心のある方たちです。

先ほどと同じように、65歳以上はいずれも高いままです。ところが、13～49歳のコア層、社会の働き盛りや学生ですが、この層では政治、そして地域・暮らしに関心のある人たちが、大きく落ちています。つまり、ＮＨＫのニュースを中心とした時間帯に対して、「ちょっと違うよね」と思っていたことが推測できます。

この統計といろんなできごとを並べてみました。菅政権から岸田政権へと続いていますね。そして、菅政権の際には、学術会議問題、『ニュースウオッチ９』で有馬キャスターが降板した問題、それから世論調査で首を傾げるような報道がありました。私はネットの記事で「これは世論調査ではなくて世論操作」と書いたことがありますが、データの扱いが疑問だったのです。さらに聖火リレーのときに、反対派の市民運動の声を消してしまったこともありました。

こうした諸々のことが起こりました。さらに岸田政権以降も、大きなできごとが続いたにもかかわらず、数字は下がっていきます。

ここでピンク色にした2つ、「首相会見報道」と「引き継がれた首相会見報道」ですが、数字が下落するひとつの要因と思っています。首相会見が生中継でニュースの中で長く続くようになったのです。

これは何を言っているかというと、6枚目です。こんな記事を書きました。「国民はウンザリ、菅首相のニュース7占拠～NHK忖度報道で接触率半減！」。実は、菅政権の前までは首相会見は6時台までにやっていました。テレビの政治部記者と官邸の間でいろいろやりとりがあって、だいたい6時台までにやることになってたのです。ところが菅首相になってから、7時台の『ニュース7』に合わせて記者会見をやることが増えました。

このグラフは何かというと、まず、ふだんのNHKが青い折線です。7時から7時30分までが『ニュース7』で、7時でガッと上がり、徐々に下がり、一般番組になるとガクンと下がる。これが一般的なパターンです。

ところが、赤い折線は21年7月8日です。4回目の「緊急事態宣言」が出たときは、首相会見が記者のインタビューも含めて約1時間ありました。この間に数字はどんどん下がる。最初の30分ほどは、菅さんが会見し、その後30分が記者とのやりとりです。つまり視聴者がどんどんどん他局にチャンネルを替えるか、テレビを消してしまっているのです。

特に関心のある人は1時間付き合うかも知れませんが、皆さんそんなに暇じゃないので、「ニュースなので、手短かに何が起こってるかっていうのをまとめていってほしい」というのが、多数派のニーズですね。それを無視して1時間やられると、どんどん逃げていってしまうのです。こういうことが何回もありました。

岸田首相になってからもです。7枚目は「ウクライナ問題でも首相の『ニュース7』ジャックは不評」という記事です。やはり記者会見を7時からやったのですが、案の定、数字が急落しました。

そうすると、ここはちょっといろんな図があってわかりにくいですけど、この日の会見は「岸田首相3月3日」と赤字で書いたグラフです。7時45分ぐらいまでが記者会見でした。同じようにどんどん下がっていますね。45分から8時20分ぐらいまでは一般のニュースだったのですが、そこで数字は盛り返していますね。そして一般番組になると、また下がります。

他の色のグラフも全部が首相会見です。ことごとく下がっていますね。つまり、以前は政治部も、ニュースなので会見を長く垂れ流すんではなくて、要点は何かということをやっていたのです。ところが菅政権、岸田政権で何らかの忖度が働いたのか、こういうふうにダラダラ流し、数字を落とすようになってしまったのです。

しかも皮肉なことに、菅首相もダラダラ喋る、つまり露出を増やすと、自分の好感度が上がると思っていたかもしれませんが、多くの国民は「つまらない」と、逆に支持率が下がってしまった。岸田首相も最初の頃は同じようにやっていましたが、あまり効果がないと思ったか、最近はニュースジャックを減らしています。本来ニュースは、何を誰にどう伝えるべきかも考えるはずですが、政権への忖度が働いてしまって、結果的に視聴者のNHKニュース離れが起こってしまったのかなぁ、と考えています。

私自身は報道の人間ではありませんので、パネリストの皆さんに、NHKニュースのありかたを議論していただければと思います。まとめると、政治に関心あるコア層、地域とか暮らしに関心のあるコア層が、残念ながらNHK離れを起こしていたというのが最初の報告です。

永田——ありがとうございました。とても貴重なご報告でした。改めて、官邸・首相の言い分を垂れ流すNHKニュースということが浮かびあがり、これに対して視聴者が背を向け始めているということを報告していただいたわけです。前川さん、「NHKニュースが変だ」のテーマでご自身の体験も含めてお話しいただけますか？

NHKニュースが変だ

前川喜平

私が強烈に「NHKがおかしいな」と思ったのは5年半ぐらい前ですね。「加計学園問題」で、私がいろいろメディアの取材を受けるようになった2017年の3月頃からですけども。私は文部科学省の中の天下りをめぐる不祥事で引責辞任したんですけど、これが2017年の1月です。天下り問題で引責辞任ですから、私自身は天下りしていないんですね。国会の中で「森友学園問題」が問題になり、続いて「加計学園問題」が出てきた。その「加計学園問題」が追及され始めたころに、私のところにアプローチしてきたメディアがいくつかあります。その中にNHKもあったんですね。

NHKの社会部の記者は、非常に熱心に取材活動していて、私からいろいろな話を聞くだけではなくて、文部科学省の中にいる職員にもいろいろな手を使ってアプローチしてですね、そこからいろいろな証言を引き出していたし、それから内部文書も入手していたんですよね。いわゆる「総理のご意向文書」と言われている「平成30（2018）年に加計学園の獣医学科をつくらせるのは、これは総理のご意向だ」と、こういうことが書いてあるペーパー、これも入手していました。私は、現役のときは事務次官だったんですけども、事務次官のところまであがってこないような、「これは担当課の課長補佐レベルのものだろう」と思われるようなペーパーももっておられましたよ。熱心に取材していたんですよ。

しかし、それは一向にニュースにならない。4月には、4月のたしか下旬ごろだったと思いますけれども、ゴールデンウィークのちょっと前だったと思いますが、私の自宅まで押しかけて来られて、私の単独インタビュー映像ももっておられたわけですよ。私はたしかそこで「これは、総理の意向によって行政が歪められたんだ」というような証言をしたおぼえがありますけれども、その映像をＮＨＫはもっていたわけです。２０１７年の4月の段階で。しかし、それは一向にニュースにならない。最後はこのＮＨＫの記者たち、私に何を言ったかというと、「記者会見をしてくれ」とおっしゃったんです。「記者会見をしないと、ニュースにできない」と。記者会見すれば、それはもうすべてのメディアがニュースにするわけですけれども、「そうしないと、ＮＨＫではニュースにできない」と、そう言われま

前川喜平さん

してですね。私が記者会見したのは5月25日ですけれども、そういういきさつもありました。

実際に取材をしておられたNHKの社会部の記者たちは、ほんとうにくやしがっていましたし、私の目の前で涙を流しているという姿も見たわけですよ。「これはほんとうにおかしくなってるんだな」ということを感じました。「森友学園問題」でもね、相澤さんというスクープをとばしていた記者が辞めるなんていうことがありましたけれども。やはりこのころの「モリカケ」の問題についての報道は、かなりおかしいなと。そういうことを私は感じて、それ以来ずっとNHKのことは、あんまり信用しないでですね、まあ、あの7時台観るものはないので、NHKのニュース観ることもあるんですけれども。ニュースでやっぱり信用して観ていたのは、なんといっても土曜日の夕刻のTBSの『報道特集』だったんです。とにかく毎土曜日、金平さんの顔を見て、私は精神の安定を得ていた。最近、あまりお出にならないので、ちょっと安定が不安定になっています。もっと頻繁に出ていただきたいと思っております。

永田――ありがとうございます。土曜日の夕方、TBSの『報道特集』の金平キャスターの言葉によって心の安定をとり戻すという方が、この会場にもいっぱいいらっしゃると思います。

続いて上西さん、よろしくお願いいたします。

公共放送にふさわしい政治報道を

上西充子

ＮＨＫの政治報道について具体例を示しながら、私の問題意識をお伝えしたいと思います。「ご飯論法」という言葉、皆さんもご存知かと思いますけれども、「国会答弁を意図的にずらして言質をとらせない」ということを私は、「ご飯論法」というご飯をめぐるやりとりにたとえて表現しました。

例えば、こういうやりとりになります。国会で、「朝ごはんは食べなかったんですか」というふうに野党の側が訊く……、もちろんこれは比喩です。そうすると、政府の側が「ご飯は食べておりません」と答弁するわけです。「朝ごはん」と訊いているのに、パンのことはどこかに隠して、「ご飯は食べておりません」というふうに言うわけです。

こういう答弁があったときにＮＨＫはどう報じるかというと、「パンを食べたかについては言及せず」とかは言わないんです。なので、「首相は『ご飯は食べなかった』と述べました」みたいなニュースになってしまうわけです。そうすると、「何だか野党はつまらないことで揚げ足をとっているじゃないか」みたいに見えるんですけれども、ほんとうは、ここで言うと「パンを食べた」というところが隠された不都合な事実なわけです。私たちはそこに注意をしなければいけないんだけれども、そこに注目させない答弁があったときに、その答弁をそのまま紹介してしまうという報道の問題があります。

具体例を示したいのですけれども、２０２１年の福島第一の処理水の海洋放出について国会のやりとりがＮＨＫニュースで報じられています。下線部を見ていただくと、「菅総理大臣はこういう考え方を示しました、政府はこういう方針です、菅総理大臣はこう述べました、こういう考えを示しました」……、すべて主語が政府なんです。野党の側が質疑をやってるんですが、何を問題にしたかということはこのニュースを見ても一切わからない。「衆議院の決算行政監視委員会で」と書いてあるので、それを自分で調べるしかない状態なんです。

上西充子さん

具体的には、このときどういう質疑があったかというと、日本共産党の高橋千鶴子議員が、「ほんとうに海洋放出をやるのか、地元の漁業者は今でも反対をしている、その反対を押し切ってやるのか」ということを問うていたんです。「漁業者は、『10年経ってようやく本格操業に道をつけた』というその最悪のタイミングでやってしまうのか」と問うんだけれども、菅首相は「やります」とも言わない。「やります」と言わないのにこのニュースでは「先送りできない、放出します」というようなニュースになってしまう。だから、国会で何も答えないで、けれどもニュースでは「反対の声があっても真摯に対応していきます」みたいな政府側の言い分だけが流されてしまう。そこに対立があるということがわからないんです。これは、地元紙では一面トップです。非常に大きな問題。だけれども、非常に大きな問題だということが、このニュースではわからない。

そういう報道の問題、政府の側を主語にして政府の方針を報じてしまう、それはNHKに限らないです。民放もそうですし、新聞の政治報道もそうです。なぜそうなるのかは、「政治の動きを追っていかなきゃいけない、政局を追っていかなきゃいけない」ということがあるんだと思うんです。

ここで紹介するのは、朝日新聞の浜田陽太郎さんという方が、政治部に配属されたときにこんなことを言われたと。「世の中は20人が決めている、それを取材するのが政治部だ」と。でも、それは、私は違うと思うんです。その人たち、20人のトップの権力のある人たちがこういうことをやろうというふうに決める、閣議決定もして推し進めようとする。じゃあそのとおりにしかならないかというと、それを押し止めるのが野党であったり世論であったり市民団体であったり、いろんなものであるわけです。

実際に問題のあるものが止まった事例は、この間にもあるわけです。「働き方改革」の法案で2018年に裁量労働制の拡大が法案から削除されたとか、あるいは検察庁法改正案が、政治が司法に介入していくというので、Twitterデモが起きてこれも止まったとか、「文春砲」もありましたが。入管法改正案についてもウィシュマさんが入管の施設の中で処置を受けられずに亡くなったことが大きく報じられて、それで法案が見送りになったとか、そういうことがあるわけです。なので、20人がやりたい方向に勝手に行くのを止めるのが、報道の力であり世論の力であると思うんです。

政府が「こういう方針で行こう」とするときに、国会で「ちょっと待った、こんな問題があるぞ」というふうにやる。ただし野党は数が少ないです。なので、野党の頑張りだけでは無理やり強行採決されてしまう。それを止めるのは、報道が「こんな問題があると野党が指摘している」と報じ、それから当事者が記者会見を開いたり、市民がデモをしたり……、そういうものもやはり報じるか報じないかによって世論の動向は変わってきます。なので、報道がそこでどういうふうに動くか、非常に重要なんです。

けれども、報道が忖度をしてしまっているというのが「働き方改革」のときもありまして、2018年5月30日の『クローズアップ現代』、これは私も出たんですけれども、「高度プロフェッショナル制度」という、労働時間規制の適用がない働き方を新しく作ろう、残業代を払わなくていい働き方を作ろうというものです。労働側は非常に反対している、野党も反対している。経済側は推し進めたいと、非常に与野党対決の部分だったんです。それについて「議論白熱」「最大の焦点」というんだけれども、これ、タイミングがものすごく遅いんです。5月30日というのは、既に衆議院の厚生労働委員会で採決がおこなわれた後で、衆議院の本会議で採決がされる前日なんです。そこでこういう報道をしてももう遅いんです。

これがその当時の時系列なんですけれども、2018年1月の予算委員会の時点から既に質疑は始まっています。予算委員会の中でもこの問題をとりあげています。けれども、最初のうちは裁量労働制の問題が非常にクローズアップされ、ワイドショーなどでもとりあげられたんです。2月の末に裁量労働制が法案から削除されるということになり、じゃあ次は「高度プロフェッショナル制度」だというので、厚生労働委員会で野党が集中して質疑でとりあげるんですが、結局もう大勢が決してから初めて、「与野党対決、大きな問題だ」というふうにとりあげたということなんです。もし1月から4月の段階ぐらいできちんとこういう特集がされていたら、もしかしたら流れは変わったかもしれない。

私は「働き方改革」の国会質疑をずっと追っていてそういう問題意識をもっていたものですから、NHKが報じてくれないなら自分たちで報じようと思って、街頭で国会パブリックビューイングをやったんです。国会質疑の実際の映像を、新宿とか有楽町とかそういうところで見てもらった。少しだけの解説と共に、切り貼り編集しないでそのまま見てもらった。そうするとけっこう見てくれるんです。これは入管法改正の審議で技能実習生の劣悪処分の問題をとりあげたシーンです。40分、50分やるんです。けれども立ち止まって見てくれる。

次もリアルタイムで、ちょうど国会質疑をやってるときに、数日後に新宿西口でやったものので、厚生労働省の統計不正の問題です。「アベノミクスで賃金が上がった」っていうのが、「いや、実はちゃんとした統計の処理をしてなくて上がったんじゃないか、かなり意図的な部分があったんじゃないか」というようなことを小川淳也議員が追及した場面をとりあげたところ、非常にたくさんの方が集まって関心をもってくれた。

こういうふうになると、国会の質疑を見るという需要があることがわかるし、みんなが見ているという状態が路上で可視化されるわけです。なので、これを見ている人の国会への注目度が上がるというだけではなくて、何が起きているんだろうというふうにその周りの通行している人にも、政治に対する関心を高めることになったと思います。

本来であれば、そういうふうに国会の中で日々問題を野党の議員が指摘して、それに対して政府がどう答えているかが報じられていれば、それを見たうえで選挙の投票行動につながるはずなんです。それが本来だと思うんです。

選挙になって初めて、「こういうマニフェスト出しました」とか「こういうスローガン出しました」みたいなことだけ報じられて、それをもとに投票するのではなくて、日頃から「今の政権与党にそのまま信任投票でいいのか、あるいは別の党に投票したほうがいいのか」という材料を与える。その判断材料が与えられていたうえで、投票行動につながるといいと思うんですけれども、そこが報じられてないと、「野党は反対ばかり」みたいな印象操作がすごく流布している中で、そういうものに左右されてしまうと思うんです。

なので、国会報道が日頃からおこなわれるのはすごく大切だと思うんですけれども、私たちがボランティアであういうふうに国会パブリックビューイングをやりましたけれども、なかなか継続的にそれをやるというのは難しい。本来であれば、それはNHKが公共放送としてやってほしいものなんです。例えば「今日の大相撲」みたいなものが毎日あるのと同じように、「今日の国会ダイジェスト」をぜひやってほしいんです。けれどもそういうものがおこなわれていない。で、今でも政府に忖度したような報道というのが続いている。

最後に、これはつい最近のニュースなんですけれども、日本学術会議について「第三者委員会を設置しました」というニュースです。これも「政府は」という主語があって、次も「政府は」という主語があるんですけれども、実は「政府は」という主語が意図的に隠されているのが、この斜体と下線の部分なんです。先ほどの「ご飯論法」でいう「隠されたパン」です。「学術会議をめぐっては菅政権当時のおととし、会議が推薦した会員候補が任命されなかったことをきっかけに、政府が組織のあり方について見直しを検討してきました」

「されなかった」と何か受け身で書いていますけど、任命しなかったのは誰ですか？　菅首相ですよね。菅首相が任命権者として判断したというふうに国会で答弁をしている。ただし「私が拒否した」とは言っていない。そこは自分の責任を認めない答弁をずっと繰り返してきたわけですけれども、でも明らかに菅首相が任命権者として6名を外して他の人は任命したわけです。なので、「菅政権当時こんなことがありましたね」ではなくて、菅政権がそういうことをしたのに、そこだけは意図的に主語を外している。政府がこういうことをするならわかります。でも公共放送じゃないですか。

だから、私たちが考える材料を与えるという意味では、これは非常に政権に忖度をしたニュースになっている、そういうところに問題を感じています。以上です。

永田――ありがとうございました。こうやって図式化して見せていただくと、NHKのニュースがいかにひどいのかということが、具体的に見えてきます。そして、国会の委員会で可決され、翌日は本会議、その前日に初めて問題を指摘するって、いったい何なんだろうかって思いますよね。後の祭りというか。では金平さん、よろしくお願いいたします。

NHK会長選出をまともにおこなわせるために

金平茂紀

前の3人の方がとても真面目なご報告をされたので、私はシンポジウムっていうのは、掟破りをするところだと思ってるんで、ともすればシンポジウムは一方通行で、それぞれが報告だけで終わっちゃうんですよね。ほんとうは侃々諤々とやりとりしなきゃいけないんで。

これ (https://youtu.be/b1-bUxt8arU)、僕が大好きな忌野清志郎っていう人が、『言論の自由』っていうのを歌ってます。この会場、ネットがつながっていて聴ければいいんですけどね、無理ですか？　国会のこういうところでこういうのを聴けないっていうこと自体が、ほんとうに時代遅れというかね。アメリカやヨーロッパだとクリックするだけですぐつながるんで。なぜかっていうとインターネットっていうのはコモンズだから。国民の財産の基盤なわけだから、誰でもアクセスできて、こういう集会とかそういうところで、どこへでも飛べるっていうのが普通なんですけどね。大学とかそういうところもダメなんですよ、おかしなことですけど。

私は「会長選出（の過程）をまともにおこなわせるために」とタイトルを書きましたけど、今のままでいくと、ブラックボックスのまま。

会長選出っていうのは多分、今月の経営委員会が2回あって、2回目ぐらいで候補者当ててですね、この間、軍備費の、防衛費の増強で招集された専門家会議みたいなのがいて、そこにそこの人間が勝手に選んできた人間を並べて、「この人間はこうだ」みたいなことを審議したふりをして、決めてしまう。そういうことを今回はやらせないぞっていう決意が必要だと思ってるんで、あえて申しあげるんですけど。

ここで確認しておかなきゃいけないのは、NHKっていうのは国営放送じゃないんですよ。ところが国営放送だと思ってる人たちがいっぱいいるんですよ。これ多分歴代のNHKの会長

金平茂紀さん

さんも、何だっけ、「政府が右ということを左というわけにはいかない」とか言った人もいましたけど、ナイーヴな人ですね。おそらく頭の中が国営放送になってるんだと思いますよ。サブサダイズ（subsidize ＝補助金）という国家予算とそれから受信料によって成り立っている構造は間違いないですけど、国営放送じゃないですよ。公共放送です。

「市民のための、市民が運営する公共放送」というのが戦後のＮＨＫの基本です。これを曲げるようなことあっては、絶対にダメだと思っています。それを曲げたい人たちがいっぱいいて、その空気のようなものをＮＨＫの中にいる人も読んじゃってるみたいなところがあって。

さっき鈴木さんが報告された中でも、例えば「コア」とかね、ああいう言葉遣いって民放でいうと、もうイヤになるほど聞かされるんですよ。編成とかそういうところの人間が「コアターゲット」って言って、つまり13歳から何歳までは……、つまりこれは、マーケティングの理論ですよ。放送を金儲けの手段にしようとしてるんですよ。ＮＨＫは関係ないですよ。そんな金儲けなんかしちゃダメですよ。民放はしょうがないです。ＮＨＫは公共放送であるから、そこで視聴率なんて考えちゃダメなんであって、公共のために運営されなきゃいけないっていうのは基本ですから。

ここ（画面）に出てるのは、斎藤幸平さんといって、この学者ってほんとうに軽いですね。「軽い」っていう意味は、言っている内容が軽いんじゃなくて、腰が軽い、フットワークがいいんですよ。今の学者にいちばんこれが欠けているもので。「象牙の塔」にこもって現場を知らないで……、上西さんって別ですよ……、まったく現場のことを知らない空理空論に、それで専門家会議とか有識者会議みたいなところに名を連ねて、何かわかったようなことを言うっていう、ひどいと思いますよ。「コモン」というか、「社会的共通資本」、この言葉は、経済学者の宇沢弘文っていう人が使った、教育とか医療とか福祉とかそういうところっていうのは、金儲けの手段にしちゃダメなんですよ。これ基本ですよね。放送、特に公共放送というのも金儲けのための手段にしてはいけない。僕はその意味では、斎藤幸平さんが言ってる「コモン」っていう考え方っていうのは大賛成ですね。NHKは「コモン」じゃなきゃいけないという。

なぜこういうこと言うかというと、戦前の日本放送協会＝社団法人日本放送協会ですよ、そこの歴史って僕は何度も見てきてるから言っているんですけども。これ、放送文化研究所が出したもう古い本ですけどね、僕はこの本がすごくよく参考になるんで、この元まで全部調べたんですけど、すごいですよ。戦前のNHK＝日本放送協会が何を放送してたかというのを細かく調べあげて、この中身すごいと思うんですけどね。

真珠湾攻撃があった1941年の12月8日の朝に、当時のNHKの会長の小森七郎っていう人がいるんですよ……、この写真、戦後になって、まだ生き残ってて文化功労賞もらったときの、文部大臣からそれを受けたときの写真ですけど、右から5番目の人がその小森七郎ですけど……、小森七郎という人がこういうこと言ったんですよ。12月8日の朝ですよ。5900人の日本放送協会の全職員に対してこう訓示したと。「諸君は今日よりいよいよ滅私奉公の大精神に徹して、相共に渾然一体となり、放送報国の大使命に全力を挙げ、邁進していただきたいのであります」と言ってるんですよ。「放送報国」ですよ。国営放送でしょ、これね。国営放送なら放送報国って言うでしょう。

僕はNHKの友達がいるんで、近く出る本のゲラをずっと読んで、ほんとう面白かったんです。NHKの放送文化研究所で、やはりそういうこと研究してる人がいて、戦争中にやっていた放送の中身で、これはひどいなと思ったんですけれど、「激励放送」ってのをやるんですよ。戦争末期で、本土防衛のためにどうしようもなくなったときに、硫黄島に対してラジオでこう流すんですよ。「諸君らの奮闘があって本土は守られるんだ」みたいなことを。一生懸命励ますわけですよ。

それからもうひとつは沖縄。沖縄戦の末期になったときにですね、本土から琉球音楽とかいろんなことやって、「君たちの頑張りで本土は守られるんだ」みたいなことをガンガンやるわけですよ。これは実際に聞いた人がいて、「これひどい」と。つまり「お前たちは死ね」っていうことを、影のメッセージとして出してるような放送を出していて。その原盤っていうのが、NHKは証拠隠滅しましたから、日本放送協会は。戦争終わったときに、これは戦犯に問われるような内容ですから。ところがね、レコード会社がそれ、もっていたんですよ、日本コロムビアってとこがね。こういうことを探し当てて、ちゃんとそういうことを記録として残しているみたいなことがあってね。こういうことがあったから、NHKっていうのは戦後、公共放送としての再出発を遂げたわけじゃないですか。

私、今年2回ウクライナに行ったんですけどね。ウクライナ行ったときにいろんなこと感じましたけど、ぜひ申しあげたいのは、日本のメディアはロシアによるウクライナ侵攻が起きたとき、全然ダメだったんですよ。みんな逃げたんですよ。外務省の退避勧告に従ってリビウに逃げたり、NHKに至っては国外に逃げたんですよ。何やってんですか、いったい？

なんでこういう強いこと言うかというと、このときに、ここにいるのはBBCのリズ・ドウセット（LyseDoucet）という非常に有名な戦場記者、彼女とか、それからBBC、CNN、ZDF、フランス2、それからスペインのTVE、残ってるんですよ、みな。アルジャジーラも残ってるし。半分ぐらいみんな女性ですよ。そこで生中継、ずっとやっているんですよ。何やってんですか、いったい？

僕は行きましたよ。僕はモスクワに住んでいたんで、絶対にロシアは兵を送ると思ったから、2月24日の翌日、陸路から行きましたけどね、25日だったかな、入ってやりましたですよ。なんでNHK、逃げるんですか？　これ、NHKだけ責めてもしかたがない。いちばんひどかったのは、読売ですけどね。読売はワシントンで書いていましたね、ワシントンの記者が。つまりペンタゴンが発表する中身でウクライナの戦況を書いていました。

これ「恥を知れ」って話ですよ。何でそういうことを言うかというとですね、戦争になると当事国っていうのは、自分の国が勝つための報道をするんですよ。さっき言った戦前の日本の放送協会のようなことをやるんですよ。みんなロシア、ロシア、ロシア・プロパガンダというふうに言ってますけど、ウクライナだって同じですよ、僕、見てきましたから。戦争になるとそうなるんですよ。同じできごとがもう「パラレルワールド」といって、まったく違う角度のできごとになってしまうってことがあって。

これ、僕が泊まっていた従業員宿舎みたいのがあって、ホテルがいっぱいで泊まれなかったんですけど。1回目に行ったときに、映像のバックにラップが流れてるんですよ。「頑張れウクライナ軍」「ウクライナ軍は素晴らしいぞ」っていうの、これウクライナ公共放送ですよ。そこのバックで何度も何度も流れる。音がないので、とても残念ですけど。ずっと国民はこれ見るわけですから、新聞ないですから。もうウクライナってテレビかSNSなんですよ。圧倒的にSNSがすごいです。みんなテレグラムとかそういうのを見て、情報をとっている。

これは、ウクライナの普通の公共放送ですけど、バックに必ずああいうふうにウクライナ国旗のカラー。横は、ゼレンスキーの大統領メッセージですけど。大統領は頭がいいから、テレビは遅いんですよ。テレビよりも最初に、ツイッターとか、フェイスブックとか、テレグラムとか、そういうSNSに流すんですよ。圧倒的に速いですから、そのほうが。ただ、どこのファクトチェックもないまま流してしまうので、この間のポーランドにミサイルが着弾したときのゼレンスキーの、みっともない、ああいうようなものが流れてしまうってことがあるんですね。

次、これはすごいなと思った、ウクライナでの3月7日だと思いますけど、BBCの放送です。現地に残って報道したんですよ。右側にあるのは、ロシア兵の遺体の脇でBBCの記者がレポートしているんですよ。見て、びっくりしましたよ。

僕はこれ、報道倫理上おかしいんじゃないかと思ったんですけど、BBCの人に取材してみたら、これはやっぱりすごいですよ。「やるに値する」。つまり、彼らの言い分を聞いたんですけど、ここに死んでるロシアの兵隊っていうのは、認識票からチェチェン人なんですよ。彼らの言い分は、「チェチェン人っていうような、弱い、少数の人たちが、いちばんこういう激戦地の最前線に置かれて、遺体も回収されないまま、こうやって引き揚げていったっていうようなことを伝えなきゃいけない」っていうふうに、この記者たちはボトムアップで本社に言うわけですよ。本社は「いや、死体の脇ではまずいだろう」みたいなことを言ったりするんですけど。だけど、出して、やっぱりそこを伝え続けるみたいなことがあったと。僕ね、やっぱり、日本のメディアの退却の仕方の早さと比べたときに、恥ずかしくなりますね。

とっとと退避したって書きましたが、さっき言った報道の現場っていうのは、ほんとうのこと言うと、デモクラシーの原理にすごく近いものが働いていて、ボトムアップなんですよ。現場のほうが強いというのが健全な姿なんですけども。いつの間にかトップダウンというような、上から命じられることを要領よく、効率よく伝えるっていうのが自分たちの仕事みたいなふうになってしまっている。そこはほんとうに、僕は問題だと思っているんですよ。

なぜ前川さんを推薦したのかって話をしようと思ったんですけど、ちょっと照れるんでやめましょうね。（前川さんの写真の）こっち側の笑ってるものはちょっと右に傾いてますけど、右に傾いていることをたぶん憂いているんですよね。僕はさっき言った5月最初の記者会見をやったときも現場にいましたし、その最初のころ、「加計」っていうのはひどかったですから。よくあんなことやってたと思いますよ。和泉（洋人）っていう当時の補佐官が今、維新か何かに乞われて大阪のほうに行っちゃったでしょ。ひどいですよ。ほんとうにひどいと思いますけど、そういうひどいってことをもう、今、言わないんですよね。

NHKにもまともな人、たくさんいます。ごめんなさい、あんまり悪口ばっかり言ってると思ったら困るんでね、私の実感、言いますよ。「最後の良心の場所」っていうのは、今のところETVとBSだと思っているんですよ。これ、いろんな意味で言ってるんですけど、こればっかり喋ってると時間なんで、やめます。

おととい、僕、沖縄行っていたんですけど、沖縄から帰ってきたときに見た朝7時のニュースですよね。宮台(真司)さん(東京都立大学教授)の襲われた続報をトップでやってましたけど。これ、ものすごくショック受けましたね。テレビに出なくなって、いまＳＮＳで、主にオンラインで発信している宮台さんが、まったく面識のない人間にいきなり襲われた。まあ、言論テロですよね、ある種。で、今どうなっているかっていうのを一生懸命取材していたんですけど。

これ見ていて、「ＮＨＫ、やるじゃん！」と思ってうれしくなったんで、思わずシャッター切っちゃったんですけどね。3番目に「カタール　外国人労働者の実態」ってあるじゃないですか。これすごかったんですよ。カタールという国、あそこは今、自国民の人口比率は10％ぐらいで、他はみんな外国から働いてる人たちが競技場を作ったり、ワールドカップの競技場を作って、すごい働かされ方をしているってことを、(外国人労働者の出身地である)現地のネパールまで行って、特派員が報告してるんですよ。すごかったです。僕は見てて拍手。よくこんなのやるなと思ってね。朝、誰も見ていないと思ってやったんじゃないですか。ＮＨＫの『ニュース7』とか、それから『ニュースウォッチ9』は絶対やらないですから、こんなの。これ見てて、うれしくなったんで。

最後、これは今朝の『朝日新聞』ですけど、「公共放送への投資は民主主義の投資」っていうＢＢＣ会長の談話と書いてある。これ、ＮＨＫも含めたＡＢＵ（アジア太平洋放送連合）という世界の放送のトップが来ている……、東京に来ていたんですよ、ＢＢＣの会長が。

ＮＨＫのホームページを見たら、ニュースにしているんです、ネットでね。僕、これ見ててね、こんな選び方しなくて恥ずかしくないのかなって思いましたよ。ＢＢＣの会長が公共放送の重要性っていうのを強調していたっていうんですけど、自分たちの会長がどう選ばれるかってことについて何も言わないじゃないですか。おかしな話ですよ、これ。しかし、こういうものをちゃんとニュースにしているっていうことを見てね。

だから僕は今回のことについては本気で怒っていいと思っているんですよ。

ＮＨＫ職員現場の声

永田浩三

金平さんのいろんな厳しい指摘、そのとおりだと思います。今日、この会場に、ほんとうはいてほしかったけれど、いないのが現役のＮＨＫの現場の人たちです。今回の運動の中で、非常に珍しいことですけれども、ＮＨＫで働く人たちが声をあげてくれたんです。ヒアリングを繰り返し、今日のシンポジウムに間に合うように声を集めました。「ニュースがおかしい」っていうことひとつとってみても、NHKの職場の悲鳴がいろいろ集まってきていますので、ちょっとご紹介しますね。

○番組制作の現場では、政治家への忖度が上層部から降りてきそうなテーマに対して、「政治部マター」という言葉がしばしば使われる。忖度の度合いは、ときに必要以上で、年度末のNHKの予算審議の影響が配慮され、正当化されがちだ。3年に一度の経営計画、毎年の予算事業計画の国会承認を、スムーズに得ることを目的として、政治部出身者に権力・権限が集中しがちなことなど、組織の力学も決まっている。

○過剰な忖度のまかり通る組織風土を変えるためには、それ自体が放送法違反であるところの、放送内容に介入するような国会論議や、外部からの圧力を許さない毅然とした姿勢を

永田浩三さん

示すことができる会長の存在が不可欠だ。
○制作局のディレクターが政治ネタをやろうとすると、謎のストップがかかってしまう。そもそもNHKと政権との関係については、報道局以外の部分が「ブラックボックス化」しているのが、現状ではないか。
○政治こそ、部署を横断して取材をしていく空気を作っていくべきではないのか。問題なのはNHKが政治と距離をとる、最低でも距離をとっているように体裁をとる体力、思考力、組織力がなくなっている点かと思う。本来、政策を論じるにあたって、NHKとしても批判的に自律的に検討を重ね、課題や実効性などを市民目線から問う必要がある。しかし現在の報道はいずれも行政の広報番組化している。しかも、むしろそれがよいとする考えが部長級以上の管理職に蔓延していて、タフな行政取材を一切経験していないプロデューサーが少なくない。今後が不安だ。

こうしたさまざまな、いっぱいの声が手元にあります。

では、NHKの組織の問題はどうなのかということを、もう少し深く考えていきたいと思います。鈴木さん、またよろしくお願いします。

ＮＨＫの組織のあり方

鈴木祐司

本題に入る前に、金平さんが「本来、シンポジウムはもっと自由に議論するべきだ」という話がありましたので、私もひとつ言っておきます。最初、私が使った「コア」っていうのは、おっしゃるとおり民放では、「コアターゲット」というマーケットの用語です。民放ではコアターゲットの人たちによく見てもらうと広告収入が増え、利益が出るので、その層を狙います。じゃあ、利益追求ではない公共放送ＮＨＫは、コア層を無視してよいかというと、私はそう思っていません。なぜならＮＨＫは、人々に大切な情報を届けることが民主主義をよくすることにつながるので、65歳以上の高齢者だけが見るのは、やはり十分ではありません。49歳以下の働き盛りや、10代の若者にも見てもらえるような作り方をしなきゃいけないと考えています。

また統計の話です。これは、放送文化研究所が世論調査で毎年おこなっていた「週間接触者率調査」です。私は２０１３年までしか在職していませんでしたので、そこまでしかデータがありません。「民放計」は、民放5系列の合計です。「接触者率」とは、「1週間で5分、そこを見たか」という意味です。ですから、「ＮＨＫ総合」の接触者率は、「1週間に5分、ＮＨＫの総合チャンネルに合わせたか」、「民放計」は、「民放のどれかのチャンネルに合わせたか」

というグラフです。

民放さんは長年安定していましたが、2000年ぐらいから下がり始めました。これが、「メディア状況が変わった」ということです。インターネットなどの影響ですね。問題なのは、NHK総合です。40年間に、30％以上接触者率が落ちています。私は当時の放送総局長とかに、「NHKでは編成局長やって、こんなふうに数字を落としているにもかかわらず、その後、半分ぐらいが理事になったり、偉くなったりしているけど、本来なら『戦犯』なんじゃないの？」と冗談半分に言っていました。有効な手を長年打てなかったのです。で、この後については私、在職してませんから、このデータをもってませんが、いちばん最初にお見せしたように状況が厳しくなってますから、もっと下がっている可能性があります。

次の図です。なぜ厳しくなっているか、まず民放に関して言えば、テレビ離れとか、特にコア層、若年層がこの2年間で3〜4割減っているためです。そしてNHKは、基本的に内向きで仕事をしている人が多い点が問題だと思います。このデータも、毎年、NHK放送文化研究所の世論調査班が出しますが、その報告が毎回、「去年と比べると0.7％ぐらい落ちていますが、これは調査の誤差の範囲だから問題ありません」となっていた。「問題ありません」が40年続いて、こんなに落ちたのですがね。これはもうちょっと深い洞察で、いったい何が問題なのかを考えなきゃいけなかったはずなのに、そこのところは、理事会なり上層部に対して忖度が働いたかどうかはわかりませんが、思考停止していました。

次に、NHKという組織の構造的問題に触れます。根本的にはここが問題だと思っています。まずNHKの予算は毎年、国会での承認が必要です。毎年の事業年度の収支予算を総務大臣に提出し、内閣を経て国会に提出して承認を得ています。国会でスムーズに通すために、自民党からはじまって、野党各党へのご説明とかいうのがあります。そこに労力を費やします。

さらに人事に関しては、経営委員会で9人以上の多数による議決でNHK会長が決まります。「『ブラックボックス』の中で決まっている」と、さっき話が出ていましたが、こういう構造ですね。で、その経営委員って何なのかというと、総理大臣が任命という形式をとっていますので、一言で言っちゃいますと、政権政党に非常に弱い構造の組織ということです。そして、その会長が人事権をふるって、理事だったり局長クラスとかに、いろんな影響を及ぼしていく。さっき「現場からの声」ってありましたが、それが実現してこなかった。その結果として、政権に忖度したり、国民のニーズを満たしてない放送が出ているというのは、さきほどご説明したとおりです。結果として、NHKからどんどん視聴者が離れています。

ちなみに、記者の中には、「永田町や霞が関に向けてニュースを出している」と話していた方がいました。こうした構造の中でできた意識だと思います。

それは、ある研修の議論だったのですが、「我々は普通の大衆とかどうでもいいんだ。永田町と霞が関の人たちが見てくれれば、それでいいんだ」ということを、平然とおっしゃっていました。私の在職中の頃でしたけど、「皆さんいったいどこを向いて仕事してるんだ」と暗澹たる気持ちになりました。

それからBBCと比較しますと、フォークランド紛争のときの報道ですね。イギリス海軍が秘密裏に出航して、アルゼンチンに対する特別作戦をやろうとしたときに、BBCはそこの出航場面を映し出し、「こういう作戦に英国軍が出ました」みたいに報道し、ときのサッチャー首相を激怒させたできごとです。

つまり、「政治や国とBBCは一体ではない、報道機関としてやるべきことをやる」という感じですね。ちなみに、2001年の同時多発テロの後に、アフガニスタンに連合国が侵攻しました。あのときもNHKは「危ないから行ってはいけない」「行くとしたら連合国についていきましょう」と判断しました。当時の国際局局長が、『NHKスペシャル』でそう話しています。ところが、その同じ番組の中で、BBCは傭兵と一緒に、連合軍より前にアフガニスタンを取材していました。取材陣を守るための傭兵を雇ってでも現場に出かけたのです。ほんとうは何が起こっているのか、事実を確かめるために、そういう方法を選んでおり、やっぱりBBCとNHKには大きな差があったと思っています。

ちなみに、構造で言うと、BBCの受信許可料は、10年単位で、一度受信料の金額が承認されますと10年間、国の影響を受けない仕組みです。これも大きいなと思います。しかもその議論は、国民代表を網羅した「放送調査委員会」でやっています。つまり内閣総理大臣の任命した経営委員で決めているわけではありません。こういう構造上の問題がありますので、そこを変えていかないと、事態はなかなか改善されない。もし仮に前川さんが会長になったとしても、周りにはそうさせないような力学が働くのがＮＨＫだと思っています。

永田――ありがとうございます。ＮＨＫはＢＢＣの背中を見ながら公共放送の歩みを進めてきたわけですけれども、フォークランド戦争について言えば、ＢＢＣの放送で、「イギリス軍は」っていう主語でずっと伝えていたのを、ときのサッチャー首相が「わが軍と呼べ」っていうふうに圧力をかけるんですね。するとＢＢＣは反論するんです。「『わが軍』っていうふうに言っちゃったら、『ＢＢＣの軍』っていうふうになっちゃうでしょう」っていうことで。とにかく、「『わが軍』とは呼びません」ということを貫くんですね。イラク戦争のときには、ダイクっていう会長がブレア首相に対して毅然とした姿勢を貫き頑張るんですね。

また、10年に一度放送免許更新の特許状を女王からもらうときに、こう言うんですね。「また、特許状の更新がありました。ＢＢＣは今後とも王室やイギリス政府に対して毅然とした放送を続けてまいります」って、ニュースの中であえて付け加えるんですね。人形劇で王室を揶揄したりということをやめてもいませんし、気骨があるなって改めて思いますね。

さて、永田町や霞が関の話が出たわけですけれども、前川さん、この制度の問題についてどうお考えかお聞かせください。

前川——イギリスという国は、成熟した民主主義を育ててきた国なんだなっていうのは、感じますよね。ちょっと話はずれますけども、「『表現の不自由展』その後」っていう話がありましたね。あれで、文化庁がいったん出すことを決めていた補助金を、官邸の圧力によってその補助金を撤回すると。「出すのやめた」っていう、こういう話があったんですよね。イギリスではこういうことは起き得ないと思います。

「アームズ・レングスルール（Arm's length rule)」という言葉があって、政府と芸術文化を支援する組織との間に、一定の距離がなきゃいけないと。で、その距離によって、中身に、芸術支援の中身に対して、政府が直接口を出すということはできないわけなんですね、これは。そういう距離を置くということが大事なんだという、これはもう精神的自由にかかわる領域は、すべてそういう政府の政治的な介入と一定の距離を置くっていう、これがもう常識として共有されていると、そういう社会なんだと思うんですよね。

そこは日本の場合は「いや、任命権があるから、なんでもそれでいいんだ」と。先ほどの学術会議の6人の任命拒否もそうですけども。あれは一方、明らかに法律上、政府と離れた独立性のある機関として日本学術会議が置かれているのに、そこに土足で入っていくようなことを平気でして、「いや、任命権があるんだからあたりまえだ」と思い込んでいる政治家が、永田町の真ん中にいる。そういう日本の未成熟な政治、未成熟な民主主義を痛感させられるんですけれども。

ＮＨＫの経営委員会というのも本来、これは合議制機関であってですね、合議制機関っていうのは、なぜ合議制なのかというと、合議制の反対の仕組みは独人制っていうんですね。一人の人間がすべてトップダウンで決めることができるというのが独人制です。合議制っていうのは、合議で、話し合いで決めていくので、一人の人間の意志に決定的に引っ張られることがない。みんなで話し合って、「だいたいこういうところだね」っていう公平性、中立性が保たれる、そして政治的、政治の世界から一定の距離を置いて、政治の直接の介入を遮断することができるわけなんですよね。それが本来、合議制のメリットのはずなんですよ。それは政府の中にもあるわけです。公正取引委員会だとか、人事院だとかですね。あるいは国家公安委員会もそうなんですよ、本来はですね。

そういう合議制、つまり政府でいえば、独立行政委員会。ＮＨＫの経営委員会というのは、政権の直接的な関与、介入ってものを退けるための仕組みだと思うんです。で、その中でもいちばん大事なのは、会長選びで、会長を選ぶという権限は、いちばん大事な権限だと思いますけども、会長の選考というのは、経営委員会が政府から独立してしなければならない「はず」なのに、それが実際にはそうなっていない。経営委員会の委員が、すべて官邸の息のかかった人ばっかりになってですね。思想的にも相当偏ってると思いますよ。もう、とんでもない人がなっていますもんね。「なんでこんな人がなってるんだ?」って人がなっています。で、そういう人たちの中で経営委員長になった人が、官邸から「次はこの人だよ」ってささやかれて、その人になってしまう。こういうことが繰り返されていると思うんですけども、これは、非常に問題、これはほんとうにもう、経営委員会という合議制を設ける意味がなくなってしまいますね。初めから内閣総理大臣が任命するとか、総務大臣が任命するというほうがまだスッキリして、わかりやすい。結局、経営委員会が単なる隠蓑になっているという、これを何とかしなきゃいけないと思います。

実はその安倍、菅政権というのは、「任命権」というものを、あらゆる分野で150%、170%使って、自分たちの権力を及ぼそうとしてきた人たちなんですね。これはもう最高裁判所の裁判官についても言えることで、いわんや、霞が関の幹部官僚の人事なんかはですね、完全に自分たちの思い通りに、好きな人間をとりたてて、ちょっと気にいらない人間は排除するということをしてきたわけですよね。私が（事務）次官になったのは、ちょっと彼らのミスだと思いますけど。

たまにはそういうミスもあると思いますけども、しかし徹底してそうやって人事権をフル活用してきた。「権力が、権力を使って、権力を強化する」ということをしてきたということだと思うんですよね。でもこれはどこかでとにかく止めないと、このままいったら、もうプーチンのロシアとか習近平の中国みたいになりかねないというところまで、まあそういう入り口まで来てると思うんですよね。

私は、だから、少なくとも経営委員会の委員の選び方について、何か別のルールをですね、例えば、国会で承認するということになっていますけれども、その前に非公式に与野党で議論して、野党からも候補者を出してですね、野党の候補者もその選考の中に入れていくとかですね、そのような経営委員の選び方についての工夫が必要なんじゃないかなと、そんな気がいたします。

永田――そうですね、戦後の放送委員会の時代を除き、経営委員は政権の意向ですべて決められる仕組みになっています。しかし、例えば電波行政にすごい権限を握っていた田中角栄のときでさえも、経営委員会をそれほど私物化することはなかった。いかに安倍政権以降がひどいかということを思いますね。上西さんは、どんなふうにお考えでしょうか？

上西——ＮＨＫの報道の内容についての批判というのは、かなり広がってきてると思うんですけれども、その内容が政府寄りになってしまっていることが、組織のあり方の問題にかかわるんだという点に対しては、まだまだ認識が広がっていないのかなと。どうしてもつい、「もうこんなＮＨＫに受信料なんか払わないぞ」みたいな、そういう方向に行ってしまいがちなんだけれども、じゃあ「払わないぞ」と言うことによって、「すいません、もっとちゃんとしたのやります」というふうにＮＨＫの側が顧客のほうを向くかというと、いま報告していただいたように、予算が承認されないと経営が成り立たないというところで、自民党、政権与党の側の意向に従わざるを得ない部分というのがあるわけです。今のように委員の選出の仕方を変えるということについても、やはりそれも今の情勢だったら国会承認を得られないみたいなことになるので、そこにこうして市民の側が、「人事のあり方というのを変えていかなきゃいけないんだ」というふうに関心を向けていくことが非常に重要だなと今、思いました。斉加尚代さんの『教育と愛国』という映画、あれも教科書検定をめぐって、人事のところから介入して、教科書を決める人たちを、政治が、都合のいい人に変えていくということが描かれていましたけど、あれと同じような構造があるんだなと思いました。

永田——ありがとうございます。金平さんは今回、ＢＢＣのことについても調べてくださったわけですけれども、改めて、このＮＨＫという組織、あるいはその会長を選ぶ仕組みが、「ブラックボックス」であることを先ほどお話しされましたけれども、この課題について触れていただいていいでしょうか？

パンドラの匣

金平——要はＮＨＫはＢＢＣ＝英国放送協会をお手本にして、戦後、公共放送として出発したというのが歴史的にあるでしょ。ただ、その後の流れの中で、向こうは理事っていうのがあって、それをまた監視する外部機関っていうのがあって、両方とも公募っていうのと政府任命っていうのが併用されてるんですよね。公募した人は、自分たちがどういう考えをもっているとか、どういうことをやりたいみたいなことを、何年か前までは新聞なんかにもどんどん発言したりしていた。そういう意味での透明性ってのは、あるんですよね。

ところが日本の場合は、「えー?!」みたいな人が経営委員になってた時代、あったじゃないですか。今はいないけど……、いや、いるか。いやあ、びっくりするような人がなっているわけですよ。そのなった経緯っていうのだって、今からだって「なんでこんな人なっていたんですか」みたいなことをほんとうは……。これって、さっき菅内閣の学術会議の話が出たけど、菅さんって、研究者の研究内容のことなんかまったく理解していないですよ。今、それで思い出したけど、（安倍元首相の）国葬のときに友人代表として弔辞読んだりしたじゃないですか。僕はあれ聞いてて、「ええっ？」と思ったの。菅さんって、山県有朋とかのこと知ってんのかなって。いや知らないんじゃないですか、たぶん。明治政府の山県有朋と伊藤博文の関係がどうだったとか、彼が自分の権力を明治政府の中で非常に……、自由民権運動に対して弾圧的な態度をとったりとかっていうことも、読んだことないんじゃないですか、あの人。そういう人がつまり、「権限の行使」っていうことだけで自分のある種恐ろしさっていうのを誇示するみたいな、その構造ってずっと続いてるじゃないですか、いまだに。

あのときに安倍政権の中で手足になって動いたのは、いわゆる公安警察系の官僚ですよね、杉田某とか、いま日本テレビの監査役になった某とか、そういう公安警察系の人たちが昔の色あせた「赤狩り」みたいなことをやって、行動確認とか、ずっと尾行したり、とっても陰湿な、人を陥れるようなことをずっと情報収集しているみたいな。バカバカしいですけど、それ現実としてあるわけですよね。おそらくＮＨＫなんかの人たちが怯えてる、あるいはずっと自発的に従属しようとしてる背景っていうのは、多少その片鱗みたいなのを知ってるんじゃないですかね。

政治家によって、例えばＮＨＫの会長が飛ばされた例とかっていうか。だって野中広務っていう人は、「俺がこう言ってあの人間を飛ばした」みたいなことをちゃんと暴露しているじゃないですか。あれは「当たらずといえども遠からず」ですね。つまりＮＨＫの会長ってものすごく権力があって、ものすごい数の人間を動かして、配置も決めて、予算も決めてみたいな、要するに予算配分ですね。そういう力が、強大な権限があるということを知っているから。そこにいる人たちもおそらく、政治部記者なんてそうですよね、ＮＨＫのね。ひどいですよね、見てても。ほんとうにひどいというか、僕は固有名詞このへんまで出かかってるんですけど……、言わないですけど。まるで政権の生き写しみたいになっちゃった。

ＮＨＫ自体が、その当時の政権と同じ構造を、自分たちで作りあげているみたいなね。

僕がここんとこずっと講演会なんかでお話してるのは、２０２２年っていうのはいろんな意味で、後世の歴史家が分岐点になるというふうに言ってんですよ。僕はいまウクライナの話だけしましたけど、安倍元首相の銃撃殺害事件というのは、ある意味で「パンドラの匣」開けちゃったんですよ。「パンドラの匣」が開いて、あれがなければ全然明らかにならなかったことがどんどん出てきて、今それに対して政権というのはなす術もないっていう形。「パンドラの匣」が開けっぱなしで、誰も閉める術さえない。どうしていいかわかんないみたいな中で実は、NHK会長という非常に公益性の高いトップが選ばれるわけですよ。

僕は、想像するに、彼ら相当混乱してると思いますよ。今までどおりのやり方をしてきた人たちが、財界出身者が、放送のこと訳のわかんない財界出身者が、5代15年にわたって続いてきたっていうので、もう1回財界から選ぼうとすると、反発が出るんじゃないかみたいなことを。「パンドラの匣」、開きましたから。「あの前川さんのような高潔な方が推挙された」ってなると、さっき言いましたけど、比較されるじゃないですか。比較されたときにおそらく、正直に言うと、今のドミノ倒しでいなくなっちゃった大臣たちの、あの軽さとか存在感のなさみたいなのを考えたときに、実際のところいないんです。だってある種、「ボス交」みたいなところで決めてたわけでしょ、安倍さんの周囲の人とか菅さんの周囲の人たちの、お仲間みたいなところが集まって。ものすごく生臭い話ですよね。

それを優秀な政治部記者は、NHKの某記者とか見てるわけですから。で、同じような働きをして……、局内においても政治の世界と同じでようなことをやってね。まるで鏡じゃないですか。そういうのを見てるものですから僕は、「パンドラの匣」が開いた今の時期にこういうことが、今年おこなわれるというのは、重要なことだと思ってるから。一石を投じるどころじゃなくて、けっこう困ってると思ってるんですよ、向こう。

内部昇格説みたいな話もあって、いま名前があがってる人たちも「えー?!」みたいな人でしょ？　そういう人たちがなったら、中からだって、さっき言ったように、「パンドラの匣」開いたんで、「えー?!」みたいなね。こういうとっても、実はエキサイティングなことが、いま起きてて。ちゃんと透明性というか、なぜこの人を選んだってことをきちんと明示できるような、そういうことをちゃんと求めてるっていう意味で言うと、この動きっていうのはお遊びじゃないと思いますよ。実がある話だから、なんとか声あげないと絶対届かないですから。その意味で言うと、僕はこれ有効な運動だなっていうふうに思って。どうせ運動やるなら、楽しくやんないとですよね。

永田――「楽しくやる」、それが大切なキーワードかもしれませんね。先ほど金平さんが紹介されたＢＢＣの会長ですが、先月東京に来たときの講演で「公共放送への投資は民主主義への投資だ」って彼は言ったんですね。

最後のテーマに移ろうと思いますけれども、ＮＨＫのありようを考えるうえで、公共放送、公共メディアを今後どういうふうに育てていくべきか、鈴木さん、よろしくお願いします。

公共メディアの未来

鈴木――今、金平さんのお話の中に、２０２２年がターニングポイントだという話がありました。実は私もそう思ってます。いちばん冒頭のところで、「公共放送は壊滅する」って言いました。つまり「公共『メディア』」にならなきゃいけない、ということなんですね。つまり電波ではなくて、インターネット網の中で、どう存在感を示すかということが問われています。「公共メディアＮＨＫ」は、実は財政の問題で、必ずあり方を見直す瞬間が間もなく来ます。

２０２２年が大事な瞬間だったというのは、例えば今年の『文藝春秋』の6月号で、職員有志がこういう告発をしたりとか、今回の運動が起こったりもひとつです。要は、ＮＨＫと時代の乖離が大きくなっていると理解しています。さきほどから、政権への忖度が国民から見ると耐えられないとか、そういう問題もありますが、データでも危機的状況が見えています。

最初の図に戻します。「Ｇ帯」ＰＵＴですが、現状は1局あたり5～6％ぐらいの個人視聴率です。ところが、この軌跡のとおりだと、10年後には1局あたり2％前後になります。まあ未来のことは正確にはわかりませんが、メディアで起こっている重要なできごとを踏まえると、楽観的な未来はありません。

「ＣＴＶ」と書いてありますが、コネクティブＴＶ、つまりインターネットにつながるテレビが今年普及率65％になりました。つまり3世帯のうちの2世帯のテレビは、インターネットにつながっています。そのテレビで何が起こっているか。ここに「ＡＶＯＤ上昇」と書いてありますけど、無料広告の動画サイトです。わかりやすいのはYouTubeです。残念ながら、この会場は65歳以上の方が多いので、そういう方はあまりいないかもしれませんが、世の中一般的には、テレビでYouTubeを見てる家庭がいっぱいあります。それから「TVer、アップ」と書いてあります。このTVerっていうのは民放5局が、自分たちも放送番組をインターネット経由でテレビで見せています。つまりテレビ内で放送番組を見せていますが、食い合ってもかまわないので、インターネットのほうに思いっきりアクセルを踏んでいます。さらに「ＳＶＯＤアップ」と書いてあります。Netflixやディズニー・プラスみたいなサイトです。11月にNetflixが「広告付きプラン」を出しました。今月はディズニー・プラスも広告を付けます。つまり有料だったのに、広告ビジネスに近づいてきました。結果としてインターネットで視聴が増え、それがテレビ画面での占有率を上げるでしょう。さらにこれがいちばん重要だと思ってるんですけど私は、「チューナーレステレビ」です。つまりテレビなんだけど、チューナーが載ってない、つまり放送は受信できないテレビです。それでもインターネットにはつながっています。これらがＰＵＴを確実に下げます。放送の視聴率が下がっていくのです。

カラーテレビの世帯主別普及率データを国が発表しています。これで見ると、全世帯では92・9％しかテレビをもっていません。つまり7％ぐらいの家庭にはテレビがありません。これが水色の折線、世帯主が29歳以下だと、なんと2割の家庭にテレビがありません。

これが10年後どうなのかを考えてみましょう。これも私が適当に伸ばしましたので、こうなるかどうかわかりませんが、世帯全体でも8割を切る。しかも非常にまずいのは、29歳以下では4割を切る可能性あります。なぜかというと、さっきの問題がそのまま当てはまります。インターネット接続テレビがこのままいくと、7割、8割超えます。そのテレビが放送を見ずに、インターネット経由での番組を見ちゃう、ということが起こります。「だったらもうチューナーいらない」と、チューナーレステレビの所有比率が必ず上がります。チューナーが入ってない分だけテレビが安いからです。

もうひとつ大きいのは、チューナーレステレビなので、NHKの受信料を払わなくてよくなります。安くて、受信料払わなくていいということになると、若い人ほど、アクティブな人ほど、「そっちでいいよね」となります。しかも「リアルタイム配信」と言いまして、いま民放さんも春から「GP帯」、ゴールデンタイム、夜の番組は全部リアルタイムで配信してます。よって自分が見たいという番組は見られます。さらに世帯数が減り始めています。そしてチューナーレステレビの比率が高まっていくと、受信料対象世帯の実数が大きく減っていきます。これがNHKのあり方を大きく見直すきっかけになると私は考えています。

これは、総務省が発表しているNHK受信料の統計です。これを基に今後を考えましょう。2022年は予算ですが、なんと上半期だけで4倍ほど受信料不払い世帯が増えています。いろいろな問題がありますが、早いペースで受信料支払い者が減っていまして、もともと7000億超えてたのが今は6600～6700億ぐらい、10年後は5000億円切るようなことが考えられます。

これもさっきと同じような理屈です。インターネット接続テレビが普及して、放送外の番組視聴が増えると、これ「NHKって必要だったっけ」と考える。そもそも見てなかったけど、いよいよ「いらないよね」となる人たちが出てくる。受信料払わなくていいっていうのであれば、チューナレステレビにすれば払わなくていい、「合法的に払わない」となります。世帯数や受信料対象世帯が減るだけではありません。今の政権は、「受信料を下げなさい」圧力をかけています。というわけで、四面楚歌というか、非常に厳しい状況なのです。実はBBCも、「電波とか、受信許可料のあり方を見直しましょう」と言っています。止めるとまではまだ明言していませんけど、「やっぱりこれこのままではもたない」っていうようなことを考えていて、次のあり方を模索しようとしています。

それに対して私が非常に残念だと思ってるのは、NHKはですね、こういう事態を前に、どういう存在になるのかビジョンをまったく示していません。これでは時代に対応できないんじゃないかと懸念しています。

「ビジョンを示さぬＮＨＫ」とありますが、「内向きのＮＨＫ」などいろんな問題があります。特に「現行制度の代案なし」という姿勢が非常にまずいと思っています。私がＮＨＫ在職中にも、「受信料制度ってほんとうにこれでいいんですか？」と、何人にも議論を仕掛けました、回答はすべて「現行制度の代案なしなんだから、このままでいい」でした。また、「受信料でやる放送内容っていったい何なんですか？」という議論も、皆さん避けてきています。ところが国民の中には、「受信料を払ってまでやってほしい番組ってほんとうにこれですか？」という声がある。例えば『紅白』とか特定の番組を言いませんけれども、いろいろと疑問をもっていらっしゃる方がたくさんいます。その辺の議論は、もうほんとうはやらなければいけないと思います。

「マスメディア後退の要因」と書きましたけれど、「時代の変化にマスコミがついていけてない」と思っています。

上の緑の四角はメディア会社です。それが視聴者、読者に向けて情報発信しますが、これまでは、マスメディアは一方向でした。これが「未来はこうだ」ってことで、「双方向型」というのが出てきました。ですから新聞社も、みなさん電子新聞とかいろいろやってますけれども、まあその中で新聞で言うと、残念ながら日経電子版以外は、ほとんど死屍累々ってのが現状です。

大事なのはですね、このインターネットがどんどんどんどん成熟してくると、マスメディアが出している内容を、一方的にありがたく受けているだけではなくって、みなさん、SNSみたいなコミュニティメディア型で、情報を色々とやりとりしてる。しかも市民の中にも、専門性をもった方がいますので、SNSの中で重要な情報交換もいろいろされています。

ですが、政治家や総務省は、「インターネットの中にはフェイクニュースとかダメなものもいっぱいあるので、大事な情報が必要なんだ」ということで、一生懸命マスメディアを温存しています。放送とNHKを温存しようとしてます。確かに大事な情報を出しているのは間違いありません。ところが、国民がほんとうにそう思っているかどうかで、疑念が生まれ始めています。

人々が、「オンデマンドで自分の見たいときに見たい」「自分の知りたいところをピンポイントで見たい」、例えば『NHKスペシャル』、60分ありますけれども、「その内容を60分かけてやるのか、違うだろ」という声が実はいっぱいあります。私も文研（NHK放送文化研究所）時代に、「番組マーケティング」っていうことで、どうやったらもっと多くの人に見てもらえるか研究したことありますが、例えば30～50代のサラリーマンだと、『クローズアップ現代』ひとつ見ても、「あの内容だったら30分かけずに、5～10分で十分だよね」

という声が出てきます。

ところが、放送を送る側、まあ私もディレクターでしたけど、ディレクターは、「番組枠は編成上30分、60分なので、30分、60分埋める」っていう発想で作ります。すると視聴者からは、「退屈な部分、いらない部分がいっぱいある」、となります。

もうひとつは、これはいい悪いの議論が当然ありますが、「自分ごとを見たい」というニーズです。象徴的なことを言いますと、かつては野球の巨人戦というのが、キラーコンテンツとしてものすごく視聴率をとっていました。ところが、巨人戦というのは今は地に落ちています。その代わりに、広島カープだったり、日本ハムだったり、自分の地元の球団の日本シリーズはすごい数字をとります。やっぱり自分にとって関心のあるものをちゃんと出してほしい、その切り口でやってほしい、という声がいっぱいあります。こういう声に、マスメディアがこれまでどこまで応えられたのかっていうことが問題で、ここも考えなきゃいけないテーマだと私は思ってます。

批判ばっかりしていてもしょうがないので、提言をひとつ言います。「低コスト高パフォーマンスへ」としました。例えばＮＨＫが、１００の予算でいろんな番組で作るとします。ところが、残念ながら受信料も下がってきまして、何をやるべきか厳選しなければならないとなると、「いくつかの番組はやめましょう」みたいな判断をします。こんな議論も多分やらざるを得なくなるでしょう。ですが、「放送時間全体は、当然残った5種類の番組で埋めないといけないが、埋まらないよね」となります。ですが、実は私は埋まると思っています。

わかりやすいのは、左側の黄緑色ですけど、60分の『Nスペ』が1本あるとします。すると60分の『Nスペ』って、私、作っておきながらこんなこと言うのはあれですけど、高齢者など理解できない人がたくさんいます。難しい言葉、アルファベットで省略した言葉とかが出てくるからです。すごく賢いディレクターや記者が、いちばん早い速度でバーっと喋ったり、コメント書いたりしますので、わからないことがいっぱい出てくるのです。だとすると、その30～50代の一線の人たちは、その番組、60分でいいかもしれませんけど、もっとゆっくり、わかるようにやってほしいという人たちには、2～3時間かけてちゃんと説明したらどうでしょうか。それから疑問をもつ人も世の中にいっぱいいます、「その人たちの質問に答えます」みたいなことをやったらどうでしょう。

私は実は、報道と関係ないと言いましたけど、6年ほど報道局解説委員兼任でした。そのときに、解説委員番組をもっと見てもらえるようにしたいと委員長に言われたときに、提言させてもらいました。10分の解説番組ですが、見映えしないオッサンの顔を10分見せられる番組なので、当然数字はとれません。ところがこれを、放送後に、「解説委員が受けて立つ」と、視聴者から質問をもらって、それに答えるインターネット番組をやったらどうでしょうというものです。そうすると、ときには解説委員が負けることもあります、「それ負けてもいいでしょう。だって解説委員が知らないことも世の中にいっぱいある」というふうにすればよいという考えでした。放送した解説内容への質問に、解説委員はどこまで答えられるかまで出すと、「質問しよう、見てみたい」という人が増えます。ところが先ほど文字で出しましたけど、「前例主義」だったり、官僚と一緒で無謬神話がありますので、「間違ったらいけない」ということで、やりません。そこまで踏み込んだら面白いと思うのですが。

最初の話に戻します。財政の問題です。間違いなく受信料は減っていきます。そのときに番組量を10から5に減らします。だけどマルチユースするし、質問を受ける番組を作るなりすると、枠は埋まるし、視聴者の満足度も上がります。当該番組の部分は、確かにコストが増えます。それでも全体でみると、同じ番組量だけど、コストは10から7に減ります。なおかつそれをやることによって、「いや、自分の知りたいことを言ってくれるようになった」ということで、視聴者、国民へのリーチは1.2～3倍に上げることも可能ですね。「民主主義に資する」というのは、もともと公共メディア・公共放送NHKの使命ですので、自分たちが出したいことだけ出すのではなくて、こうした番組を増やすことによって、確かに視聴率は減りますが、結果的に多くの人たちがそれを享受し、物を考えることになるのが民主主義に資することだと思います。

永田――ありがとうございました。時間があまりなくなってきましたけれども、前川さんがいらっしゃった文科省は学校教育、それから社会教育、公共性っていうものをすごく大事にしてこられたと思うんですが、放送における公共性、あるいは公共メディアとしてのＮＨＫのありよう、どんなふうにお考えでしょう？

テレビ離れ――学校離れ

前川――公共放送というのは、やはり市民に開かれた、市民とともにあるということだと思うんですけれども、加えて「市民に一歩先んじて、市民に必要な、どの市民にも自分ごとであるような問題についてお知らせしていく」という使命があるんだろうなと思います。ただ、「ＮＨＫ離れ」あるいは、「テレビ離れ」「放送離れ」ということがあるんだろうと思います。

実は、「学校離れ」も起きているんですよね。学校というのは、公教育なんですけれども、最近の統計では不登校が急に増えまして、25万人に近づいている。9年前いちばん底をついたときには、11万人だったですから、いちばん減ったときの2倍以上になってます。「お仕着せの教育はいやだ」っていう人たちが増えてきていてですね、これは不登校っていうのは、学校に行きたいと思うけれども、行けないっていう人のことなんです。もともと、「初めから拒否する」っていう人がまた増えてるんですよ。もうこれは私は、「積極的登校拒否」と言っていますが、これが5万2千人になっているんですよね。それからもうひとつ、「コロナが心配だから学校行かない」っていう人もものすごく増えていて、これは5万9千人という、これは2021年度の数字ですけど、全部合わせると35万人。35万人は学校行かないっていうことになっていて、しかも学校には行ってるけれども、教室に入らないというのはその何倍かいるんでですね、「隠れ不登校」っていうのが。つまり、公教育からどんどん離れるという傾向が出てきているんです。

これはひとつは政治の介入があまりにもどんどんと進んできてですね、「そういう学校だったら行かない」と。あるいはそんな学校で、「規律正しくしなさい」とか、あるいは「テストでとにかくいい点とれ」とか、こういうプレッシャーが子どもたちにも及んできて、そのプレッシャーで子どもたちが学校を忌避するという状況が生まれてきているので、これは実は学校のあり方にその大きな問題提起がされている。学校のあり方を変えないと、学校から脱出するという傾向が止まらなくなるだろうと思っているんです。

ＮＨＫというのは、公共放送として、教育の世界に引きつけて考えれば、生涯学習の場だと思いますね。そこに元・生涯学習局長がいるんですけども、私の先輩でですね。私の先輩、仲よくしてくれる人ってあんまりいないんですけれども、珍しい方です。元・生涯学習局長。

また、公共放送NHKっていうのは、博物館、図書館、公民館、こういった役割と共通するものは全部もっていると思うんですよね。いろいろなコンテンツのストックがあると、これはもう情報の巨大な塊だと思うんですけれども、これはもう大きな図書館とか博物館にあたるものじゃないかと。そこでいろんなものを学べる。それはほんとうにオンデマンドで学びたいものを学べる、学びたい人が学びたいときに学べるようにする。それは、放送ではなくて、さまざまな別のメディアを使っていったほうがいいんだろうという気はするんです。

いろいろな立場の人が、立場を超えて集う場所っていう、フォーラムとしての意味っていうのも、やっぱりあるんじゃないかと。これが公民館的な意味だと思うんですけどね。そこでどんな人にも共通する自分ごとってあるわけですよね。例えば、「防衛費を2倍にすることでいいんですか?」「そのために増税するってことはいいんですか?」と。これ確かに誰にでもかかわる自分ごとなのでですね、それぞれの人の自分ごとっていうのは、やはりこういうその公共放送としての役割が残るんじゃないかなとずっと思っています。そうやってまさに、そのフォーラムとしての役割を果たしていくっていうことは、民主主義の土台をつくっていくってことなんだろうと思うんでですね。これは捨ててはいけないだろうなと思うんですよね。

ＮＨＫはやっぱり視聴率はそんなに気にしなくていいと思ってるんですけど、私は。私の好きな番組っていうのは、あんまり視聴率が高くないのが多いんですよ。特にあの『こころの時代』なんてほとんど観ている人、いないかもしれない。私は今、宗教ってのはね、どうあるべきかというのは、非常に実はほんとうは大きな課題なんですね、『こころの時代』のような番組は、観る人は少ないけれども、しかし大事な番組で、「あ、この前『こころの時代』でこういう問題やってたよ」っていう、そういうことでですね。ほんとうに他の局ではありませんから、あんなものは。もちろん特定の宗教団体にそのスポンサーでやってるってのはありますよ。『比叡の光』とかね。しかし、その宗教の問題を大事な問題として現代の問題としてとりあげるなんていうのは、やはりＥＴＶならではのことなんですね、私は『こころの時代』という番組はなくしてほしくないなと、どんなに視聴率が下がっても、なくしてほしくないな……、と、そんなふうに思っています。

永田――ありがとうございます。上西さんは「国会パブリックビューイング」をやってらっしゃって、「公《おおやけ》」、公共ということをずっと考えてこられたと思うんですが、いかがでしょう？

見たいときに見られるメディア

上西——日本では「公《おおやけ》」というのと、「公共」というのと、同じようなふうに理解がされがちだけれども、「国営放送なのか、公共放送なのか」というところで、私たちが求める情報を提供してくれる番組なりメディアなりを私たちが作っていく、支えていくということが、本来の公共メディアなんだと思うんですけれども。いま鈴木さんがお話をされた、放送としてはあまり見られなくなっていって、メディアのほうに移っていくだろうと、私もそれはそう思うんです。

かつては朝起きたらNHKをつけて、夜もテレビをつけながらご飯を食べるみたいなのが習慣化していたのが、あるときからそれをやめたらもう復活しないんです、その習慣は。今はもう、ネットの画面ですね。パソコン開いて、自分が見たいものをそこで見ながらご飯を食べるみたいな、そういうふうに一回習慣が変わってしまうと、もうテレビを見ることには戻らないので、正直私もNHKはほとんど見てないんです。けれども受信料は払ってます。なぜかというとちゃんと買い支えないと人材がいなくなってしまう。人材がいなくなってしまったら、よい番組を作る基盤がなくなってしまう。そこは非常に市民として大きな損失だと思っているんです。

それは新聞記者も同じで、新聞も定期購読者数がすごく下がっていて、記者がどんどん外に出て行かざるをえなくなってるわけだけど、そうすると記事を作る人たちがいなくなってしまう。それは内容が劣化してきて初めて私たちが気づく、「何か見たいものがなくなってきた」みたいに気づく。でもそれでは遅いんです。なのでそうならないように、うまく改革してほしいと思うんですけれども。

公共メディアというふうになったときには、見たいときに見られる状態というのをぜひ作ってほしいと思っています。7時からしか見られないとか、10時からしか見られないとかというのは、もちろん録画したら見られるわけなんですけれども、ネットの情報はいつでも見たいものがアーカイブで見られるというのが当たり前になってしまった人間からすると、録画するのが面倒なんです。なので、せっかくNHKはよい番組をたくさん作っているんだけれども、録画をしてないと、再放送を逃したら見られないみたいな状況ではなくて、受信料を払っていたらアーカイブ映像がネットで見られる状況を作っていくと、支えていることの意味というのも見えてくるのではないかなと思います。

永田――実は職員の声の中からも、「これまでNHKが作ってきたさまざまな番組は受信料で作られた財産なわけですから、視聴者に日常的に還元するような仕組みがなぜ作れないのか、アーカイブの活用っていうのが市民レベルでもっとできるようにしてほしい」という願いが寄せられていますね。

金平さん、金平さんは放送という現場にこだわって、世の中が知りたいことを伝える、理不尽について伝えるということを毎日やっておられますけれども、NHKのありようって言うんでしょうかね、どんなふうにお考えでしょう?

社会的共通資本としての放送

金平――私も『こころの時代』っていうの好きで……、日曜日の朝5時からやるんですよ。早起きして眠いのを我慢して見てね、見てよかったというふうに。とりわけ「今日、これ見てよかったな」と思うと、翌週に視聴率表って出るんですよ。ビデオリサーチが出してる視聴率表に、たまにですけど「※」っていうのがあるんですよ。この「コメ印」っていうのは計測不能なほど見られてないんですよ。そういう番組だけど、中身がものすごくよくてね。辺見庸とかね、「コメ印」だったんですよ。僕は中身を見てて、とってもいい放送を出してるけど、いいな……、と思いましたよ。
だから何度も言ってるんですけど、鈴木さんの分析はとても興味深い話なんですけど、あれは別にNHKじゃなくても、日本の放送業界全体の話で、つまり今、入れ物としては、伝送手段としては、「電波が空から降ってきて一方的に伝える」ってのはもう死滅しつつあるというか。オンラインですよね、SNSに移行していう話になるんですけどね。

僕は、さっき言ったように、日本でテレビ放送が始まったときに生まれた人間なんで、要は、「テレビにかかわっている人たちの公共的な役割がある」と思ってるんですよね。これ、公務員の公共性と似ているんだけど、公共的な倫理とか。さっきお金儲けの話をしましたけど、NHKも民放もほんとうのこと言ったら、自分たちが公共放送、担っている限りは、金儲けのこと度外視してやらなきゃいけない場面ってあるんですよ。例えば東日本大震災が起きたときっていうのはもちろん、もちろんCMなんか飛ばしますよ。みんな、現場に行っていた人たちは命がけで出すんだけど、それをじゃあ何のために出してるかっていうと、彼らは、僕も含めてですけど……、そのときに「数字がどうだ」とか「視聴率がどうだ」なんて考えている暇もないし、大体。そんなもんじゃなくて、そこに視聴者が求めてたのも、緊急地震速報とか、「どこに行けば水がある」とか、「配給はどうなっているか」とかっていうふうなことっていうのは、放送あるいは報道かな、大きな意味で言う報道の原点というか。

『ニューヨーク・タイムズ』もこれから紙で刷るのやめますよね、みんなオンラインになるけど。大事だと思うのは、取材する人がいなくなるっていう……。資本の原理とか、そういうもので、「これは無駄だ」とかそういうふうに進んでいくと、取材する人がいなくなって、みんながみんなYouTuberになって、みんながみんなインフルエンサーになったり、自分探しをしてる人たちの場みたいなものが、いま言われているような公共的な役割を担うようなことを、「じゃあ、代替できるんですか？」って話ですよ。アメリカでローカルのニュースペーパーどんどんなくなっていったところというのは、荒廃するんですよ。ローカル・ニュースペーパーがなくなったところは、選挙やっても投票率が下がって、要するに、政治的な関心もなくなって、そこの「公《おおやけ》」のいろんなものがだんだんすさんでいくっていうんですか、学校がなくなっていったり。

さっきから僕が言ってた「コモン」っていう言い方、社会的共通資本っていうような形で、放送ってのをとらえ直すということで言えば、民放はおそらくどんどんどんどん縮小していくでしょう。ただNHKって放送の中でもやっぱりいちばん公共的なものを担ってる……、戦前の歴史も踏まえて言えばですよ。大事なところだから、生き残ってほしいんですよ。民放はどうせ淘汰されるでしょう。で、いいですけど、例えば、取材してる人がいなくなる状況はとってもよくない。

だから、ひろゆき（西村博之、「2ちゃんねる」創始者）みたいのがもてはやされたりするという。つまり無知と無関心と誤謬に基づくようなもの、しかし影響力があるということだけで生き残っているようなあり方ってどうなんだ？って話じゃないですか。

僕は、そういう意味で言うと、ものすごく古臭い人間ですから、「実際に取材に行って確かめないようなものは、いくら見られても出しちゃいけない」っていうふうに思ってる人間なんでね。そこで言うとNHKの今の会長選出っていうのは象徴的な意味があって、時代の大きな変わり目の中で、今までどおりの政権に忖度するような人の選び方をしていいのかという。それだけでずいぶん変わると思いますよ。

僕は放送ばっかり、45年も放送メディアやってきた。だからNHK好きなので見てるんですよ。さっきから悪口ばかり言ってるけど。片島紀男とか佐々木昭一郎、癖の強いとんでもない人がいましたよ。東日本大震災のときだって、上は汚染地域に入るなと言うのを平気で破って、それでネットワークでつくる放射能汚染地図（ＥＴＶ特集『ネットワークでつくる放射能汚染地図～福島原発事故から2か月～』）、あれがあったからNHK生き残れたんじゃないですか。ああいうことをやる人間っていうのはいるんですよ、NHKの中に。こういう話があるときにやっぱりみんな暴れなきゃいけなくて。匿名でこんなこと言っているような人たちももちろんいますけど。

永田――あのときの七沢（潔）さんとか大森（淳郎）さんとか、いろんな方たちのいろんな思いが実は継承されているということでもあると思います。

金平――放送にかかわってる人ってね、ＮＨＫだろうが民放だろうが関係ないですよ、ほんとうにつながれちゃうから。さっき斉加（尚代）さんの名前出てました。すごいですよ。だってもう今のＭＢＳ、維新の下にあるＭＢＳであれを作った。もう「いやよくやったな」って拍手送りたくなるぐらいですよ。

そういうものを見ていると、放送ってやっぱりそんな簡単にはへたれないし、なくならないし。そういう流れの中で前川さんの会長就任を祈念するというか。選ぶ人が恥ずかしいっていう思いをして、「こんな人を選んで何を言われるか」みたいな思いを、彼らがもつのか、もたないのか。だけどやっぱり、おかしいものはおかしいとね。

永田――今、災害報道って話をされましたけれども、私もいろいろな地震の現場に行って、そこで働く人たちの公共意識の高さ、取材者の心根の温かさを誇らしく思いました。鈴木さん、災害報道のありようについて補足していただけますか？

鈴木――金平さんがおっしゃるとおりで、「ボトムアップが大事」なのは、そのとおりです。ですが、アナログ時代からデジタルになったときに、パラダイムが大きく変わりました。さきほど上西さんが言ったように、どんなによいものを放送しても、人々はテレビを以前ほどは見なくなりました。なぜなら、さっき私がオンデマンド、ピンポイントなどと言ったとおりで、視聴者は選択肢がたくさんあるので、その中から自分にとっていちばん最適なものを選ぶのです。

例えば新聞が何を間違えたかというと、ニュースサイトに安易に記事を売り渡したために、デジタル時代にマネタイズ（収益化）の道が見えなくなりました。NHKも大きく間違えた瞬間があります。ちょうど2008年にNHKオンデマンドを始めました。その1年前の2007年にBBCはiPlayerを始めています。両方とも同じようにネットに出たのです。私はNHKオンデマンドを始めるときに、どうやるかの議論にも参加しました。そこで主張したのは、NHKの放送に出る人たちは、NHKオンデマンドでの配信を自動的に許可する、つまり許可しない人はNHKの放送に出ていただく必要ありませんという方針を打ち出すことでした。なぜならNHKの放送は公共性があり、大事なものを作ってるんだから、誰もが見たいときに見てもらえるようにする必要があるからです。

ところが、NHKの内部に反対意見がいっぱいありました。例えばドラマや音楽芸能です。ジャニーズを出さないと視聴率がとれないが、ジャニーズはオンデマンド配信を許可しない時代でした。ですから自動的にNHKオンデマンドにするということは、「まかりならん」

という抵抗勢力が現場に、まさにボトムにいっぱいありました。ところがＢＢＣは、まさにそれをやっていました。ＢＢＣの iPlayer の担当者が日本に来たときに、私が直接インタビューをしましたが、実際にＢＢＣはそうしていたのです。ＢＢＣの放送に出る＝iPlayer で出るというルールだったのです。なぜなら「ネットの時代です」ということです。だから先ほど少し触れましたが、ＢＢＣは将来放送を止め、ネットを基本にするかもしれないという議論をしているのは、常に時代の変化を認識し準備をしているからなのです。ところが日本では、民放も含めてＮＨＫも、放送と通信の融合を蛇蝎のごとく嫌って、大反発しました。今までやってきた方式をそのまま温存したいと考えていたのです。結果として世の中がデジタルになっていくのに対して、大きく立ち遅れたのです。

ですから、例えば、今からでもできるのは、「ＮＨＫは公共的な放送をやるんのだから、そのままネットも許諾していただきます」と、権利とか著作権の問題をクリアすることです。このように時代とかパラダイムが変わるときに、何をやるべきか先を考えることが必ず必要になる。ボトムだけでは、そうした発想は出てこないので、時代や全体を俯瞰する発想が同時に「こうやりましょうよ」と言い出さないと、両輪が揃わないので、やはりうまくいかない。「ボトムアップが大事」だけでは不十分なのです。

金平――デジタルとアナログの中でのジャンプみたいなもので、出ちゃうものに対しての拒否感っていうのは、思ったほどないんじゃないかなと思いますよ。だっていま、若い人たち見てたって、普通にニュースがオンラインで流れて、それは何度もリプレイされて、リアルタイム視聴じゃない見方っていうのは、もう今では普通になっているというかね。そこをオンラインだけでやった場合の今のライツ（権利）の問題とか、音楽貼ったりすると、そこで音楽業界からクレームがきたりとかあるけど、多分そういうこと言ってる国とか地域っていうのは世界で言うとものすごい少数派になってくっていうか。おそらくそういう意味の勝ち負けみたいなものが出てくるかもしれないけど。

僕が言いたいのは、その勝ち負けの原理っていうもの自体が、資本主義みたいなものの行方みたいなもの――放送と資本主義の関係っていうんですかね、それで言うと僕は、放送は資本主義を乗り越えるべきだと思っているんで。「コモン」っていうことをさっきから言いますけど、斎藤幸平の言うコミュニズムという、「コモン」をとり戻すための運動っていうのを、長いスパンで考えなきゃいけないというふうに思ったんで、申しあげたんですけど。そのきっかけみたいなことで、今回の会長選びみたいなことはトリガー、引き金みたいになれば面白いなというふうに僕は思いますけどね。

永田――災害放送で言えば、それぞれの地域のですね、川が氾濫するとか、いろんなその予兆があって、10時間後にはどうなるかを予測しながら災害報道を先取りしてやっていく。新宿駅南口で電車が止まってるっていうことを、意味もなく長々と中継するNHKとは決別すべきだっていうこともありますし、「災害の現場から伝える力が落ちている」ということを、ずいぶんたくさんの人が書いてくれていましたね。

今日、とりあげられませんでしたけれども、職員の内部的自由の保証がないといけない。どうやったら組合も含めてそれをかちとっていくのか、新しい会長も含めて、建設的な議論をすべきですし、公共放送のありようを職員も市民も一緒の場で、世の中に開かれた議論ができる時代が早く来てほしいですね。

それでは、署名を全国から集めていただいた西川さんにお話をしていただきます。よろしくお願いします。今日は、兵庫から来ていただきました。

署名活動について

西川――「ＮＨＫとメディアを考える会（兵庫）」の西川です。17年前に、ここにいらっしゃる長井さんが、番組の改ざん問題で告発をなさいました。そのことから、やっぱり私たち視聴者は、メディアの真偽、メディア・リテラシーというか、メディアの裏も見抜く力をもたなければならないということに目覚めまして、17年間運動を続けてまいりました。

このたび、こういう運動が提起され、「では、誰がこの運動するんだろう」と、思いました。視聴者が参加する術がなかったんですね。参加する提案はありませんでした。それで、視聴者が参加するには、ネット署名というのは提案されていましたけれど、今はまだ日本全体ではNHK問題に対して深い憂慮と、また意見をもっておられる方がネット署名だけでは、その気持ちを行動で示す術がない、これはやはり紙の署名用紙を使った運動をさせてください、ということで提案して実行委員会に取り上げていただき、開始するようになったんですね。

私はこれは正しかったと思います。昨日11月30日現在で、この、紙の署名運動は2万425筆になります。これは、ちょっと思いがけない数字でして、私たちは「かんぽの事件」の不正事件のときでも、最初は、「石原経営委員長やめろ」という署名運動もしましたが、2か月かかって1万筆にならなかったんです。それから、その後、今も続いている悪質な森下経営委員長ですね、これも「やめろ」っていう署名運動しましたけれども、1か月かかって、3千筆ぐらいだったんです。そういう経験からしても、NHK問題で、視聴者の運動って非常に難しいんですね。そう思っておりましたから、「1万筆いくだろうか」と当初は思っておりましたが、前川さんが会長候補を受けてくださるということになり、「これはたいへんだ」と。前川さんほど国民的な支持と、それから憧れといいますかね、共感を得ている方がですよ、私たちの運動の先頭に立ってくださる限りは、「前川さんに恥をかかしてはならない」と、こういう気持ち、ただ一つです。（笑い、拍手）

まさに、そういうことで、署名運動を提起いたしまして、そのかわり私が、「全国から集まる署名用紙の集計しますから」ということでやりましたけれど、ネット署名がここに至ってまだ2万5千人にはちょっと足りないんですね。で、前川さんの、この国民的な信頼からすれば、5万筆は当然いくだろうと、1か月かかって。「いかねばならないはずだ」と思っておりましたが、ここでちょっと止まっているんですね。難しい。ところが、紙の署名はですね、もう後半になるにつれて、どんどんどんどん、毎日届きまして、今日もまだ届きましたし、先ほどもメールで、「送りました。遅くなりましたが」ということで届いております。これからまだ続くと思いますけども、一旦締め切ったんです。

署名運動の意義を私、伝えたいんですね。ネット署名は、1つボタンを押せば、1人です。だけど、紙の署名はそこで対話ができるわけなんですよ。その対話こそが、NHKに、「何が問題なのか」、「日本の政治とNHKがどういう関係にあるから、私たちは前川さんを立てて運動しているんだ」と、こういうお話ができる。そこで、１人じゃなく5名連記で埋まる、あるいは大きい集会で訴えましたら、１００人の署名が集まる。そういう力があるのです。ですので、ネット署名ばかりに頼るのではなく、こういうほんとうの草の根の運動をしてこそ、ひとりひとりの視聴者の意識とそれから行動力を高めると、こういう意義があると思いますので、今後とも視聴者参加の運動、こういうものを、運動を起こすときには、必ずそこに眼目を置いて企画をしていただきたいと思うんですね。

まずここにいらっしゃるみなさまは、全員、署名をしていただいたと思いますので、お礼を申しあげます。それから何よりも、あるべきＮＨＫと、それからＮＨＫ会長の姿を力強く示してくださった前川喜平さんのおかげだと心より感謝申しあげます。

今回の署名運動にはたいへんな困難もありました。やってみましたところ、郵便にたいへん時間がかかるんです。配達、署名用紙を送るのにも３日間、戻ってくるにも３日間。速達で送っても、通算３日間、足かけ３日間かかっている。こういう実態ですから、11月１日から署名運動したと言いましても、実際に私たちが署名をしていただきたいと送ったところが、３日後に着いて、それからこっちで11月の26日締め切りにしても、往復３日＋３日の６日間はマイナスになるんです。そうしますと、署名運動する期間が非常に狭まってきます。そんな短い期間ですから、実質２週間から３週間で集めた２万４２５筆なんです。

そういう困難さがありました。しかしそれでも、2万をこえる署名が集まったということはですね、前川さんというお顔があったとしてもですよ、「NHKを変えなければならない」という民意がここに示されていると思います。ここが大きな力だと思います。

その中で、署名に添えられたたくさんのコメント、お便りの中からいくつかを報告させていただきます。

「今度の署名は、とてもユニークで、とても楽しかった。長年いろんな署名に取り組んできましたが、痛快な活動でした」

こういうご意見が幾つかありました。

「みなさま、世の中を変えようとする活動は楽しいものですね。頑張りましょう。前川さんのご決断に勇気付けられました」

そういうことです。

それからもう一つ、

「署名運動を提起してくださり、ありがとうございました。参加できて、ありがたかったです。うれしかった」

こういう意見がございます。

「この署名は1週間で埋まりました。たくさん集まったので、私たち2人分のスペースがなくなりました。代筆していただけませんか」

というのもありましたし、海外からのメール、エアメールでの署名も届きました。

そんなことですが、どうしても私一人では、受け止められない重いお便りがあります。ちょっとすいませんけど、述べさせてください。それはですね、一つは沖縄からのお手紙です。これちょっと早口で読ませてもらいます。

「前略　沖縄の屋富祖昌子《やふそまさこ》と申します。署名をいただきましたので、26日に間に合いますように急いで送ります。辺野古新基地を造るために本部半島の山を削って、大量の土砂、赤土を船が運搬しております。その港で船に積み込むために赤土を運んでくる10台ものトラックを、牛歩で遅らせる行動を多くの人たちで連日1400日以上続けてまいりました。今日はそのなかで塩川という港での大行動が計画され、そこに参加してくださった方々に署名をお願いしました。腰をおろすところはまったくないので、歩きながらの署名です。まさか『沖縄の人は字が汚い』と暴言を言う人はいないと思いますが、ぜひ、NHKをまともな放送にするために、役立ててくださいますようお願いいたします。合計9枚45筆です。ここには沖縄の苦難を放送しないNHKに対する抗議と怒りがあると思います」

もう一つです。これはですね、前川さんを推薦する団体決議です。中国帰還者連絡会の平和記念館の理事会からです。

「NHK会長人事についての推薦決議」、ちょっと省略しながら読ませてもらいます。

「NHKは視聴料で運営されており、その運営や放送は政府から完全に独立した視聴者の代表組織がなくてはならない。政府の関与、圧力はいろいろあるが、ここに決定的な証拠がある。2000年に従軍慰安婦問題を裁いた国際民間法廷、『女性国際戦犯法廷』の加害証言をNHKがカットして放送した事実である。大きな問題になり、裁判にまでなり、……その後、安倍晋三元総理の関与が発覚したのである。当時、予算説明に官邸に来ていたNHK局長に、官房副長官だった安倍氏が『公正な報道をお願いします』と言ったとされる。NHKはそれを受けて、急遽、加害証言部分などをカットし、……3分短く放送されたのだ。この加害証言は、『中国帰還者連絡会』の金子安次氏と鈴木良雄氏が民衆法廷で証言した。……その後、NHKから金子氏に一切アクセスがなかったことは、明らかに安倍氏の政治圧力が原因であった。その後、NHKチーフプロデューサーだった長井暁氏が、自民党政治家から圧力があったことを記者会見で告発した。安倍氏の関与が判明したときに、当記念館の芹沢事務局長が金子氏に『犯人がわかりましたね』と感想を訊ねたときに、金子氏から届いたのが、別紙の金子氏からのファックスである」

読みあげます。

「2000年12月の九段会館でおこなわれた『女性国際戦犯法廷』で、私と鈴木良雄氏は証言者として発言しました。明けて2001年1月30日の放送の幾日か前、NHKから電話があった。女性の声である。内容は、『金子さんですね。放送のときにあなたの名前を出してもよろしいですか』『いいですよ、どうぞ出してください。私は証言者ですから』『わかりました』と。電話はこれで切りました。放送が始まってから1日、2日、3日と待ちましたが、とうとう私たちの証言の場面は出ませんでした。『なぜだろう、誰かの圧力があったな』と私は思った。昭和19年に山東省臨清というところに『つばめ楼』という慰安所があった。私の相方は梅子という、名前は日本名だが、私は慰安婦はすべて朝鮮の人だと思っていたから、『お前さんは日本語がうまいね』というと、彼女は、『あら、私は日本人よ』と言った。私はその言葉を聞いたときにカッとなって、『大和撫子がこんなところに来て、こんなことをなぜやるんだ』と怒った。彼女は一瞬黙って私を睨んだが、『兵隊さん、私、好きこのんでこんなところに来ているのではないの。私の連れ合いは招集されて、南方に行って、戦死したの。残された親や私の子どもはどうやって生きていくのよ』と。私はその言葉を聞いたとき、返事ができずに、1円50銭を払っただけで、そのままこの『つばめ楼』を去ったが、今にして思えば、あの戦争さえなかったなら、従軍慰安婦問題も、戦地における中国人女性に対する強姦、輪姦もなかったはずです。私たち兵隊は、忠君愛国の精神をもって、『今日は生きても明日は死ぬかもしれない』という意識が生まれ、その意識が人間の道を外していったのである。ゆえに二度と戦争を起こしてはならないと。その犯罪性と教訓を『女性国際法廷』は力強く訴えたのである。

２００５年1月21日　金子安次」

金子さんのファックスです。

「ジャーナリズムの使命は、『事実の報道と権力の監視』であり、前川喜平氏の『記者が自由に報道できるNHKにすべきだ』などの発言や経歴から、同氏をNHK会長に推薦します。２０２２年11月19日NPO中帰連平和記念館・理事会理事長・松村高夫」

推薦決議でございます。ご紹介させていただきました。

永田――ありがとうございました。ずっと紙の署名を集める努力を続けてこられました西川さんからの報告でした。私も、いまご紹介いただきました番組、深く関わっていた人間の一人でございます。ありがとうございました。

それでは、今日は会場にたくさんお集まりいただき、ありがとうございました。これからご質問をお受けいたします。まずメディアの関係の方から先に手をあげていただければと思いますけれども、どなたでもけっこうですけれども、この運動について積極的にとりあげて、記事にしていただければ、ありがたいと思います。

質疑応答（質問と回答を要約）

Q　ＮＨＫ記者・佐戸未和さんの過労死（２０１３年）とその後のＮＨＫの報道

この11月、「過労死防止シンポジウム」ということで、各地を回ってきた。地方ではかなり大きなニュースとして扱ってくれた。去年まではＮＨＫ批判のような言葉、たとえば「会社は、組織は守っても、必ずしも自分の命まで守ってくれると限らない」とか「ここにいらっしゃるお父さんお母さん、自分の子どもの会社の職場環境、それから人間関係をもう一度見直し、最後の砦となってください」というような言葉はＮＨＫは報じなかったが、この1年何か変化があるような気がする。しかし、首都圏内ではそうしたニュースは放送しない。何か違いがあるのか。（佐戸未和さんの母親の恵美子さん）――――

永田――ただいまご発言いただいた佐戸未和さんのお母様は、『ラジオ深夜便』でもお話をなさっておられた。ＮＨＫの職員のなかにも「セクハラやパワハラ、過労死などの問題を報じるにあたり、ＮＨＫが公器であるならば、まずは局内の問題こそ解決し、報じるべきである。自己批判なくして、正常なジャーナリーズムは成立し得ない」という声がある。

前川――NHKに限ったことではないが、やはり働く者の人権が保障されるという世の中をつくることは、公教育の使命でもあり、公共放送の使命でもある。ところが、その肝心の公共放送においても公教育の学校でも過労死は絶えない。社会全体の問題として取り組む必要がある。まさにNHKこそ先頭に立つべき存在ではないか。

Q「NHK問題を考える会・埼玉」は、NHKに国会中継を全部放送してほしいと求めている。各政党とも連絡して働きかけている。昨年のオリンピックでは、サブチャンネルを使って放送したが、国会中継、放送をサブチャンネルを利用しながらでもすべて放送してくれるようにするためには、どんなことをしたらいいのか、アドバイスがほしい――

上西――国会ではいろいろな委員会の質疑が同時並行で開催されているので、実際には全部をリアルタイムで放送するのは無理だと思う。予算委員会は中継するが、「働き方改革」は厚生労働委員会だ。それぞれの委員会の、「ここが今、与野党対決だ」みたいなところは、ぜひ放送してほしいと思っている。これは、与野党が合意をしないと放送できないものか？

永田――できないことはない。「ここは知るべき」というところは、サブチャンネルでやればいいと思う。

ご指摘はもっともで、職員からもこんな声がある。「国会中継は、原則すべておこなうべき。できないなら、できない理由を視聴者に伝えて可視化すべきだと思う」と。技術的にはサブチャンネルは特別なことではなくできるはずだ。

「なぜこんな大事な時にＮＨＫは国会中継をやらないのか」という苦情がＮＨＫに寄せられる。新聞の番組欄に国会中継は入っていないにもかかわらず、急遽中継するということも実際にはある。ＮＨＫの視聴者センターにたくさんの人たちが苦情を寄せると、ＮＨＫの編成を動かすということが、これまでもままあった。その苦情を誰が寄せているかというと、ＮＨＫの事情をよく知っている現職の職員、ＮＨＫの退職者などが電話をしていることだってある。

国会中継の原則は幾つかある。本会議、施政方針演説、各党の代表質問などさまざまだが、その原則はすごく単純で、「市民、国民の関心事に応える」ということだ。その原則に従えば、「やらないほうがおかしい」ということが繰り返されている。

Q　ＮＨＫの国会中継は与党に忖度しているか？　ＮＨＫ予算には国の補助金が出ているか？
国会の予算委員会の中継をＮＨＫで観ていても、夜の民放のニュースでＮＨＫでは中継されなかったニュースが報道されることがある。ＮＨＫは与党に忖度して、与党に不利な質問を野党がしたときは放送しないのか。

ＮＨＫの予算は、受信料収入だけで国会の承認を得るということだが、国からある程度補助金が出ているのか――

永田――国会中継は、放送予定時間枠を超えて審議が継続した場合は、深夜に中継できなかった部分を録画で放送するのが原則だ。野党の質問が鋭いから途中で切るということは原則はない。しかし討論がもりあがってきたのに、放送が終わってしまうということは今までもあり、多くの苦情が寄せられたことはあったと思う。

「野党のやり取りが放送されていない」というのは、ニュースではものすごく顕著だと思う。政府側の答弁だけが理路整然となされているようで、両者ものわかれだとか、論戦はもりあがらなかったみたいなデタラメ、虚偽の国会のニュースがたびたび報じられていることは確かだと思う。たとえば、ミサイル防衛の増強や、「統一協会」の問題についても鋭い追及があるにもかかわらず、ほぼ１００％放送されないということは事実だと思う。

ＮＨＫの基本的予算はすべて受信料によってまかなわれているが、部分的にたとえば日本の中で放送の恩恵にあずかることがない部分、国際放送の一部が国庫から補助されている。だが、国からお金をもらってＮＨＫの放送がなりたっているということは断じてない。

Ｑ　国会中継の判断をするのは誰か？

ＮＨＫに問い合わせたら、「ＮＨＫには『放送する、放送しない』の権限はない、国会の事務局の判断だ」と回答があった――

永田――そんなことはない。ＮＨＫが、１００％自分たちで決めればいい話だ。ただ、「忖度」があるということだ。いろんな電話がかかってくるのは、日常的にあるはずだが、安倍、菅内閣、特に菅内閣のときは毎日のように電話がかかってきていたと思う。

Ｑ　「ネットいじめ」の報道について。

日本のメディアは、報道に消極的だ――

永田――そんなことはない。これまでも確実に番組化して紹介している。

Ｑ　「影の（シャドー）経営委員会、会長」を組織して対抗してみてはどうか。

ＮＨＫ会長は、経営委員会によって選ばれ、市民が直接選ぶ仕組みにはなっていない。せっかく前川さんが出ても、経営委員会が前川さんを候補にするというようなことではないと思う。今回のこの運動が、経営委員会によってどのように会長が選ばれるのかということを可視化するきっかけになるといいと思う。

「シャドーキャビネット（影の内閣）」というものがあるが、せっかくなので、前川さんが「影のＮＨＫ会長」になって、「影の経営委員会」をつくって、ＮＨＫの経営陣の向こうを張って、ＮＨＫの問題や将来のビジョンについてレポートを発表し、ＮＨＫ本体と比べてもらうというのはどうか。（朝日新聞社編集委員・北野隆一さん）――

前川――まず「影の経営委員」を12人決めたうえで、その12人に前川が選ばれれば、「影の会長」になってもいいと思う。

永田――ご指摘のように、これをどう発展させ、実のある改革、公共放送の使命にちゃんと目覚めてもらうようにつなげていけるかということが試されていると思う。

Q　コマーシャリズムの弊害について。

「経済が人類を滅ぼす」と考えている。マーケティングやコマーシャリズムがあまりにも優先されている。「ご飯論法」の話を含めて、もうちょっと深掘りしてほしい――

上西――質問の範囲を多分超えてると思うので、言葉に関する自分の著作をご覧いただきたい。

永田――今回は後半「公共」について話したが、市民、視聴者とともにその公共なるものを育てていくことが大事だと思う。迂遠なようだが、特別な人が現れて劇的に変わっていくということではなくて、たとえば「公務員バッシング」にも似て、「メディアの人間だけが一方的に悪い」ということでもない、「社会がどうすればよりよくなっていくか」という道筋のなかで公共放送NHKのありようを考えていくべきだと思う。

小滝――今日は長時間、貴重なお話をパネリストのみなさん、ありがとうございました。それから会場のみなさん、長時間お付き合いいただきまして、どうもありがとうございました。共同代表の小林緑さんから閉会のご挨拶をさせていただきます。

閉会の挨拶

小林緑

思いもかけず共同代表になってしまいました小林緑と申します。私は元・経営委員、2001年から07年まででした。ですから、もう退任して15年ぐらい経ちますので、すごく記憶が曖昧になって、NHKの実態、ずいぶん変わっていると思いますけれども、「またなんでこういう人が経営委員に、だいたいどうやって選ばれたの？」ってすごく興味おもちだと思いますから、ちょっと一言だけ申します。

私は小泉純一郎政権の時代に任命されて、小泉さんとはなんの縁もゆかりもありません。ですから、お友達だけが選ばれていたという時代よりは、あのときのほうがまだ少しマシだったかなと思うわけですね。で、いきなり総務省から、前任者の平岩弓枝さんという国民的な作家が「忙しくて、こんなことやっていられない」という感じだったんでしょう、1期で辞められたので、ふつうは2期やる経営委員の後任を慌てて探すということで、私のことが……。これもほんとうにいいかげんな人選だったと思いますけれども、ネット上のデータベースを検索して、女性で、文化系で、50代ぐらいで、文化、音楽、私は国立音楽大学っていうところでクラシックの音楽史を教えているという、そういう、なんか、NHKからするといちばん、実は扱いやすい分野です。

なぜか？　NHKは、NHK交響楽団というものをもっていて、これは戦前からですね、すごい国営放送みたいな戦争協力や、それから戦後も読売や毎日と非常に強い関係で、ほとんど政府の思うまま、マジョリティの一般的な人たちが好むような音楽だけをくりかえしとりあげて、「これだけがクラシック音楽」という「常識」を埋め込んでしまった。そういうことを担っている。文化の問題、そういうものをもっときちんと把握して、大事な課題だとしてとりあげるような公共放送になってほしいと思っています。

私の退任のときから、ずっと委員会での話題の一つが、「公共ってなんだろうね？」って、みんなで言いながら、結局、公共放送の意味がわからない。「これ、もっと先に、もうちょっと続けて論議しましょう」って言って、それが、そのままずっーとつながっている。だから、NHKは旧態依然で、もう全然、当時、私が辞めた時代から本質的には変わっていないんじゃないかなという気がいたします。

それともう一つ、最後にいろんな素晴らしいご意見が出たなかで、私がわざわざ申しあげることもないと思うんですが、一つだけ、金平さんもさっきおっしゃっておりました「コモンズ」という考え方。それには、実はいちばん重要なのは、食の問題だと思うんですね。食の問題、例えば地元の農業者とかですね。第一次産業をやっている女性の、素晴らしい営農者で、ライターもやっている女性が、私が急遽、署名、紙の署名をお願いしたら、彼女は全然、ネットとかそういうもの使わないで、素晴らしい仕事をして、発信もしている。「周りに私のようにネットもメディアも全然無関係でやってる人たちがいっぱいいますよ」というお話でした。実は私もそういうまったく完全なアナログ人間で、いまだに携帯も何ももたず、単にパソコンだけでやり取りをやっていて、今回、紙の署名だけ、いろんな方にお願いして、西川さんがいろんなところにたびたび送りつけてご迷惑もおかけしたと思いますが。

そういう農業と「コモンズ」、「コモンズ」の中でいちばん重要なのは食の問題です。いま、食の問題も世界的なグローバリゼーションの中で、お米にしても、酪農にしても、水にしても、漁業にしても、ほんとうに恐ろしい状況ですから。それをまず第一に実践している第一次産業の就業者たちをまず、それからその消費者、全部、人間、私たちひとりひとりとしてそうなわけですから、そういうことを第一に考えるような問題、番組構成。それから、そういうことも考えられるＮＨＫの経営委員も、それから理事のメンバーも。そういう人を優先して「影の内閣」をつくっていただきたいと思います。

どうもありがとうございました。

「透明性の欠如、視聴者・市民無視のNHK会長選びに抗議します」

2022年12月20日（火）NHK西口街宣より

NHK職員は、放送人としての見識と信念を

大貫康雄（元・NHKヨーロッパ総局長）

NHK経営委員会が次期会長に任命した元日銀理事の稲葉延雄氏は、12月6日の記者会見で「視聴者・国民の信頼を得ていくためには、公平・中立で確かな情報や質の高い番組を提供していくことが重要だ」などと語っています。

この「公平・中立」の言葉には、NHK職員はじめ放送に関わる者には忘れてはならない事件があるのを認識していると信じています。問題は、この事件を経営委員の何人が意識しているか、ということです。それは、第2次安倍政権の与党自民党が総選挙前の2014年11月、NHKを含む在京テレビ局各社に「公平中立な選挙報道」を要請する文書を送り付けた事件です。安倍自民党が「公平中立」の名目で、実態は自分たちに都合の良い報道と番組を、さらに番組出演者が適当か否かまで指摘、要求するなど、露骨な介入をして問題になった事件です。

この事件の影響は今も相当残っているだけに、NHKの次期会長になる稲葉氏は、この事

件を意識し、放送のあるべき姿を語るべきでした。放送法はその第一条の二で、「放送の不偏不党、真実及び自律を保障することによって、放送における表現の自由を確保する」と掲げています。これは本来、憲法に規定する表現の自由を踏まえ、公権力が放送の不偏不党性を保障する、との解釈もありますが、当然のことながら放送する側も、この理念を踏まえて報道、番組制作に取り組むべきです。放送法はまた第四条で放送側が「政治的公平と出来るだけ多角的な論点を明らかにすること」を定めています。NHKは、この放送法を理解して番組基準を定めています。しかしそれが有名無実化した報道や番組が増えていることは否めません。

稲葉氏には特に第2次安倍政権以来続く自民党の放送法違反を挙げ、公権力側に不偏不党の大原則を堅持するよう求めると共にNHKは多様な意見を提示していくことによって、公正な報道、番組を推進することが放送現場の大原則であることを、表明してもらいたかったところです。

記者会見の場で稲葉氏には、憲法を堅持して公共放送の大原則を守り進める決意が残念ながら聞こえませんでした。今の森下経営委員会のもとで稲葉氏に期待するのは、ある意味で無理なことかもしれません。これまでの経緯を見る限り、稲葉氏を任命した森下俊三委員長ら現在の経営委員会には、憲法に謳う表現の自由や放送法を順守するという姿勢は見られません。それどころか2018年、NHKの「クローズアップ現代+」取材班のスクープ、「かんぽ生命保険の不正販売」を総務省から天下りした日本郵政幹部から抗議を受けると、森下経営委員長代行らは当時の上田良一ＮＨＫ会長を「ガバナンス強化」の理由で厳重注意処分にしています。経営委員会が番組に介入することは明らかな放送法違反であり、ＮＨＫの放送の表現の自由を侵害する深刻なものです。

これに対し、多くの市民で作る団体が抗議し、経営委員会でいかなる審議がおこなわれたのか情報を開示するよう要請しています。しかし、森下氏らはその後、経営委員会でいかなる審議がおこなわれたのか、部分的には公開したものの、いまだに全容を公開しようとしていません。公共事業体の活動は本来、国民に情報開示するのが民主主義社会の原則です。それを公開しないのは、よほど知られては困ることがあるのだろうと考えざるを得ません。

これだけではありません。２０２３年1月に退任する現・前田会長がＮＨＫ改革を進める理由でコンサルタント会社に億単位の多額の支払をした問題があります。なぜ、このような多額の支払をする必要があったのか、経営委員会では、どんな審議がなされたのかをつまびらかにしていません。コンサルタント会社への支払は公金である受信料です。ＮＨＫは毎年現場の部署まで不正支出がなかったのか会計検査院の調べを受けます。経営委員会は、前田会長のもとで進められた改革こそ真剣に審議するべきものです。経営委員会の本来の義務を放棄していると言っても過言ではなく、このままでは視聴者から告発されることもあり得ます。

森下経営委員会とは違って以前は経営委員会にも見識を発揮する時代がありました。日本の戦前から終戦直後を描いた2008年のNHKスペシャル4回シリーズ「JAPANデビュー」は植民地時代の台湾や、新憲法制定の過程などを紹介したものです。多くの資料にあたり、関係者に取材したうえで綿密に焦点を絞り、視聴者の目を開かせるシリーズです。この放送後、内容に不満を持つ右翼や自民党関係者から非難を浴び、集団訴訟も起きました。それに対し、当時の小丸経営委員長は、経営委員会で扱うべき重大な疑惑はない、と見識を示しています。また、ときの福地茂雄会長も、「放送内容には問題ない」、と一言で済ませています。これが公共放送の経営委員長であり、会長の当然の姿勢です。今日は省きますが、他にもまだ経営委員会や会長が一定の見識を示した例はあります。ところが森下経営委員会は、こうした公共放送の自律した姿勢や見識はまるで見られず、公権力の走狗と化した感があります。

今回のNHK会長人事の前に経営委員会とは別に、自分たちの会長候補として元文部科学省事務次官の前川喜平さんを押す動きが広がりました。その背景には、森下氏ら現在の経営委員会があまりにも放送法の理念を無視し続け、このままでは民主主義国家日本の社会資産であるNHKが崩されてしまう、という危機感が日本社会に拡がったからです。時の政治権力の意向を受け、公共放送の会長をまるで「闇取引」するかのように一方的に任命する悪しき例が、特に第2次安倍政権下で相次ぎました。「自分たちの手で公共放送の会長を」という多くの人々の危機意識は今後も強くなることはあっても消えることはありません。

　ＮＨＫ会長は放送現場の最高責任者で、経営委員はあくまでも経営に専念するものです。欧米のいわゆる民主主義国では報道・表現の自由を堅持し、推進するために、新聞に言う「経営と編集」、放送に言う「経営と放送」を分離しています。森下氏らは、この大原則に立ち返らない限り「公共放送を劣化させ、独裁国家の公共放送と化してしまった」と歴史に断罪されることを自覚するべきです。ＮＨＫ職員は言われたことをやるだけではなく、放送人としての見識と信念を持ち、ひとりひとりが憲法を堅持し、多くの視聴者の生活を、そして将来に関わる仕事であることを自覚してもらいたいところです。

私たち一人ひとりが集まってつくるのがパブリック＝公共

池田香代子（ドイツ文学翻訳者）

ＮＨＫで働いているみなさん、こんにちは。池田香代子と申します。『世界がもし１００人の村だったら』という絵本を出したときには、Ｅテレで60分の番組をつくってくださいました。ありがとうございました。レギュラーは、ラジオ第2の「ドイツ語講座」しかやったことがありませんが、出演者のはしくれとして、今日は申しあげたいことがあってここにやってきました。

ＮＨＫで働いている方々は優秀です。それだけではありません。現場には志のある方々がおられることを私は知っています。でも、その方々とお会いしているときに感じるものと、画面を見て感じるものに隔たりがあるのです。その隔たりは、ここ10年ほど広がるばかりです。「あれ？　結論がなんとなく物足りない」「あれ？　なんか論旨がずれちゃった」という違和感を持つことがあるのです。

私はＮＨＫが好きです。今、フジテレビ系のドラマ「エルピス」が話題になっています。冤罪、報道と政治の関係といった生々しい問題を正面から扱ったドラマです。このドラマの脚本家の渡辺あやさんは、ＮＨＫだけでドラマつくってこられた方ですよね。私はもともとテレビをあまり見ないですが、ドラマはまず見ないのですが、渡辺あやさんのドラマだけは全部見ています。「その街のこども」「カーネーション」「ロング・グッドバイ」、京都大学の吉田寮をモデルにした「ワンダーウォール」、そして「今ここにある危機とぼくの好感度について」。どれも現代の社会問題を、視聴者がドラマを楽しみながら考えることができるよう丁寧につくられたＮＨＫならではのドラマでした。

「エルピス」はＮＨＫではちょっと無理だったのですかね。政権の機微にふれるということだったのでしょうか。とはいえ、ＮＨＫは報道や教養だけではなく、こうしてドラマの分野の方々も頑張って、現代に問いかける作品をつくり続けてきたことを、私は知っています。そして、そんなＮＨＫが大好きです。

最近、そんなことばかり言ってはいられないことが続いています。おや、と最初に思ったのは、かつて永田さんが関わったＥテレの戦時性暴力についての番組の改ざん事件です。あれは「事件」でした。

当時の官房副長官・安倍晋三、経産大臣・中川昭一、この二人がＮＨＫの上のほうの人たちを呼びつけて、番組を取り沙汰し、あげく「勘ぐれ、お前！」というような態度をとったそうです。このことが明らかになって、「これはおかしい」「ＮＨＫが変なことになっている」と私たち一般の視聴者も考えるようになって、もう20年以上が経ちます。その間みなさんは、いろんなたたかいを現場でなさってきたことだろうと思います。私は制作の現場にいるみなさんの味方をしたいと思います。

けれど、あのオリンピック映画についてのドキュメンタリー「河瀬直美が見つめた東京五輪」の字幕捏造問題、あれはBPOにかけられてしまいました。私もデモには行きますけれど、お金をもらったことなんてありませんよ。「デモには日当が出る」というのは、かなり偏った見方をする人々が好むデマです。NHKがそういう偏見を垂れ流すことになってしまって、ほんとうに残念でした。この「やらかし」に、辛い思いをなさっている職員の方々もおられると思います。

私は「NHKスペシャル」をよく見るのですが、あるとき、あまりにもすばらしかったので、NHKの視聴者窓口に電話をしました。自衛隊を取り上げた番組でした。どんなにすばらしかったかをいつの間にか力説していました。そうしたら、電話の向こうがちょっと変なのです。しゃべるのをやめて耳を澄ましたら、電話口の女性が嗚咽しているのです。それではっとしました。この方、いつもはきっといろんなことで怒鳴られたり、文句をつけられたりしてるのだな、と思ったのです。そして、視聴者の電話を受ける方々を含めて、NHKで働くすべての人々が「自分がNHKだ」と思って働いておられるのだ、とも思いました。

ドイツ語講座のプロデューサーさんに言われたことがあります。

「視聴者の手紙一通、はがき一枚の向こうには、もう少し時間があったら同じことを書いたはずの人が99人は居ると思って、心して読むようにしてください」と。

以来、手紙やはがきの一語一句が重く感じられ、放送する側の責任を伝授していただいた思いでした。また、視聴者の立場からすれば、NHKはそうやって、私たちの声をしっかりと受け止めながら番組づくりをしているのだと知りました。

私たちは今、NHKを批判しています。批判されるのは、いいことではありませんか。みなさんの、放送にかける志を支えたいと思っている者たちが、この社会にいっぱいいるということですから。

NHKは言うまでもなく公共放送です。「公共」という言葉の意味を、みなさんは誰よりもよくお考えだろうと思います。この公共=パブリックというのは、いうまでもなく、国や政府機関のことではありません。私たち一人ひとりが集まってつくるのがパブリックです。

NHKのみなさん、何はともあれパブリックに向けて番組をつくってください。私たちはそれを応援します。おかしなことがあったら、こうして声をあげます。そんな時は、ちょっとうるさいかもわからないけれど、我慢してくださ い。聞いてくださってありがとうございました。

NHKをみんなでいっしょに変えましょう。自由で独立したNHKに

永田浩三（元・NHKプロデューサー）

この西口。道を渡って見えるあの桜の木を見るたび、毎年4月からの新年度番組のスタートに当たって苦労していたころを思い出します。

みなさんが、毎日、番組やニュースで、どのように苦労し、格闘しているか、だれよりも知っているつもりです。

「市民とともに歩み自立したNHK会長を求める会」が生まれ、前川喜平さんを次のNHK会長にという運動を始めたのは、2022年10月のことです。ネットでも紙でも署名はどんどん増えて、きのうで4万6千筆を超えました。

みなさんは、前川さんが声をあげてくれたこと、4万6千の署名が集まったことをどう受け止めますか。そんなことに意味はない、いい迷惑だと思う人がいるかもしれません。

わたしも、むかしだったらそんなことを思ったかもしれません。放送現場の大変さなんて、自分たちにしかわからない。世の中は何もわからず、好き勝手にNHKのことを批判しているのだと。

しかし、それは大間違いです。それは違うとわたしはある出来事をきっかけに気が付いたのです。

22年前のETV2001番組改変事件です。アジア太平洋戦争中、日本軍「慰安婦」にさせられ被害に遭った女性たちの人権の回復をテーマにした番組が放送直前に、大きく変わりました。番組の改変には先日亡くなった安倍晋三元総理も関わっていたと言われますが、真相はまだわからないことだらけです。わたしはその時のプロデューサー、編集長でした。

放送のなかで証言が紹介されるはずだった女性たち、もと日本軍兵士、制作にあたったプロダクション、NHKのスタッフ、たくさんの人たちの人生が大きく変わる出来事でした。責任の一端はわたしにもあります。悔やんでも時間は戻ってきません。

当時わたしはプロデューサーとして孤独の中にありました。

いま思うのです。なぜあのとき、

「こんなひどいことが起きています。ともに考えてください」と訴えなかったのか、と。

わたしはそれをしませんでした。

だれもわかってなどくれないと、扉を閉ざしていたのです。

でもそれは間違いでした。助けを求めるべきでした。

世の中は、政権与党の政治家、NHKの幹部たちよりはるかにまともです。

理不尽なことは理不尽なことなのです。

ＮＨＫが「安倍チャンネル」と揶揄されて、どれくらいたつでしょう。ＮＨＫニュースは政権のお先棒かつぎ。ＮＨＫじゃなくて、「犬ＨＫ」。

こんなことを言われて悔しくありませんか。

わたしは悔しい。ですが言われて当然なぐらいひどい。

でもわたしが悔しいのは、そうではない、まともなＮＨＫがいっぱいあることを知っているからです。本来まともな人がいっぱいいるから、悔しいのです。こうして声を上げるのです。

今回の敵基地攻撃能力、防衛費倍増という岸田政権の方針。しかし、それでよいのか、どうすればよいのかという視点でニュースはまったくつくられていません。戦後最大の憲法の危機とも言われますが、ＮＨＫは、いつものように、すべてが決まってしまってから、これでよいのかと言い出すのです。

世の中はちゃんと見ています。ＮＨＫの人は取材を通じて事実に肉薄し、ほんとうのことを知っているのに、政権にとって不利なことは伝えないと。その方がＮＨＫという組織、あるいはＮＨＫの偉い人にとって都合がいいからと。

前川喜平さんが語っています。加計学園問題に、どこよりも早く肉薄し、前川さんへの独自インタビューを撮影したのはNHK社会部だったと。しかし、そのスクープは5年たった今も、お蔵入りのままです。それでいいのですか。現場の記者たちの切なさ、悔しさは想像に難くありません。

今回決まったとされる次期会長は、もと日銀の理事だそうです。そこには菅前首相と現首相の岸田氏との間に暗闘があったと言われています。またも政権の意向がNHKの会長選びに色濃く反映されました。そのことを経営委員会はまったく問わないまま、全会一致で賛成しました。月2回、まじめな議論もないままに、原案を追認して、年収500万。お金のことをあまり言いたくないですが、高い給料にふさわしい仕事をしているとは到底思えません。経営委員会はNHKの最高意思決定機関。それが機能しないことは、視聴者への背信行為であり、公共放送をないがしろにするものです。

こんなことを繰り返していては、NHKはますます信頼を失い、壊れ、なくなってしまいかねません。

あのスウェーデンのグレタ・トゥンベリさんは言います。これは地球温暖化対策に向けての言葉ですが、わたしにはNHKに向けて発せられた言葉のように思えます。

私たちにはまだ問題を修復する可能性がある。
望みさえすれば、不可能はなにもない。
どのような未来図を描くのか。
ひとりひとりの行動が、大きな運動になる。
私たちは私たちで自分にできることをしなければならない。
だれでも大歓迎。どんなひとも必要だ。
口から口へ、街から街へ。
集中しよう。行動しよう。波紋を起こそう。舞台に立とう。

ＮＨＫを変えましょう。
みんなでいっしょにかえましょう。
自由で独立したＮＨＫに。
今ならまだ間に合います。壊れてしまうまえに。

おわりに

武蔵大学社会学部教授。元・NHKプロデューサー 永田浩三

2023年3月1日、NHKの新会長に選ばれた稲葉延雄氏は、就任一か月後、職員に向けてメッセージを出した。稲葉氏が選出されるにあたっては、宮沢洋一・自民党税制調査会長が推薦し、岸田文雄首相が放送界に力を持つ菅義偉前首相へ根回ししたことがメディアで暴露された。にもかかわらず稲葉氏自身は就任の記者会見で、そんな事実はないと一蹴した。会長になった初日から嘘を言わなければならないなんて、きつかったことだろう。

公共放送のトップを決めるにあたって、今回もまた官邸が動き、会長の選出にあたって唯一の機関である経営委員会がなんらイニシアティブを発揮できず、政権の意向のままに人事が進んだことは、明らかに異常であり、批判されて当然のことだ。

だが、新会長に選出されてから一か月、稲葉氏は、放送現場で日々苦悩する職員たちからのヒアリングを積極的におこなうという、予想外の奮闘を見せ、その結果を反映するようなメッセージを出した。

これまで合理化・コストダウンにしか関心がないように見えた前任の前田晃伸氏に比べははるかに理にかない、血の通った言葉の数々。ひょっとしたらいいことをやってくれるかもしれ

ないという期待を抱かせる。長くなるが稲葉氏のメッセージのエッセンスを紹介したい。

「就任より1か月が経ちました。局に入り、各部署で専門家集団を形成して頑張っているみなさんの姿を実際に見て、NHKを率いる責任の重さを改めて感じました。NHKグループのみなさんとなら、志の高い仕事を一緒に進めていけると確信した次第です。一方で、日頃しっかり汗をかいて、プライドを持って業務に取り組んでくださっている現場のみなさんの声を聞くにつれ、課題が見えてきました。本来、NHKの様な多くの専門家集団からなる組織は、それぞれの考えをぶつけ合う真摯な議論をおこない、より良い結論を導く「神経系統」がしっかりしているものですが、そこが〝目詰まり〟を起こしていると感じました。専門家集団としてのみなさんの議論の集約が、経営・改革に反映されていないのです。これは、大きな問題です。そして、専門性が求められているにも関わらず、それがどう評価されるべきか等の議論も十分になされていない、ということも見えてきました。私は、「改革の検証と発展」が役割である、と就任会見で申し上げました。その第一歩は、この〝目詰まり〟を直していくことだと考えています。

私が疑問に感じたのは、激変するメディア環境の中、みなさんが多様な、適切な問題意識を持っているのに、なぜその課題を議論しなかったのか、ということです。今申し上げたような検証や検討の場を通じて、必然的に、ＮＨＫの未来を問うことになると思っています。目指すべき理想の姿を組織全体で議論し、次の中期経営計画につなげていければと考えます。その際には、ぜひもう一度、世界的に大きな変化を生じさせている「デジタル化」のうねりについて考えて欲しいと思っています。「デジタル化」については、私自身、金融、メーカーの世界で見てきたつもりです。この領域こそ、改革が目指した「戦略的な資源配分」「全体を俯瞰するマネジメント」が必須で、ＮＨＫにはまだまだ発展の余地があると考えています。ＢＢＣの元会長をトップに迎えたニューヨークタイムズでは、様々な媒体へのアウトプットが必要になる中、効率的な配信の実施とともに、「根っこ」となる取材そのものについては、質量ともに増加させながら、高度化を図ったと聞きます。取材から発信まで、プロセス一貫のトランスフォーメーション。効率化と質の向上の両立。これが「真のデジタル化」です。言葉だけのＤＸ（デジタル・フォーメーション）は世にあふれていますが、ＮＨＫがそれでは、視聴者・国民の期待には応えられません。（中略）

就任会見では、視聴者・国民のみなさまに、「報道では、真実の探求のため時間をかけてもしっかり取材し、ＮＨＫらしい真摯な姿勢で、公平公正で確かな情報を間断なくお届けし、多様な情報が錯綜する中で、みなさまの日々の判断のよりどころになりたい」「エンターテインメントなどでは、様々な新しい試みに挑戦しながら、世界に通用する質の高い番組の提供を心がけ、みなさまの日常がより豊かで文化的なものとなるよう努力したい」とお約束しました。この約束を、みなさんと果たしていきたいと考えています。いつの時代も、変えるべきものと変えてはならないものがあります。即断することも、踊らされないことも、いずれも大事です。大切にしてきた矜持を常に見つめ直し、独りよがりにならずに努力を続けることで、視聴者・国民のみなさんにNHKの価値を感じていただく。自律した判断の積み重ねの上に、今があります。今後もそうであることでしょう。志高く働く、専門家集団としてのみなさんを信頼しています。一緒にNHKと視聴者・国民のみなさんの未来を切りひらいていきましょう」

稲葉氏のメッセージの中に、「自律した判断の積み重ね」という言葉が登場する。これは「自立できない判断の積み重ね」の間違いではないかと皮肉を言いたくなるが、自律あるいは自立に言及することは喜ばしい。なぜこのことに触れたのか。この本に記録した運動を通じて、前田時代の改革がいかにむごいかを批判し、政権からの自立を訴えたことが陰に陽に影響を及ぼしたのではないかと想像する。

ここに、改めてわれわれの運動の歩みを振り返っておく。「市民とともに歩み自立したNHK会長を求める会」が産声を上げたのは2022年9月末のこと。東京四谷の喫茶店に人々が集まった。活動の母体は、ＮＨＫやメディアのありようを問い続けてきた全国の市民、ＮＨＫのＯＧやＯＢ、ジャーナリストや研究者、そしてＮＨＫで働くさまざまな労働者だった。特筆すべきは、日々放送の中で苦悩している現役の人たちが参加したこと。市民、ＯＧとＯＢ、ＮＨＫで働く人、ＮＨＫ以外のジャーナリスト。四者が連帯して声を上げ、公共放送のあるべき姿に舵を切るよう働きかけることを運動の柱にした。

前川喜平さんから受けてもよいという返事をいただいたのは10月半ば。そこから嵐のような日々が始まった。ネットでの署名と紙による署名を立ち上げ、11月4日衆議院第2議員会館で前川さんの記者会見をおこなった。大勢の新聞記者、フリーのジャーナリストを前に元ＮＨＫプロデューサーの長井暁さんが、ここ15年余りの会長選考がいかにひどいものであったかを生々しく説明した。わたしとはＥＴＶ２００１番組改変事件で苦楽をともにした仲間である。公共放送、公共メディアのありようについていま最も明快に語る言論人である。

会見の場で前川さんは、就任に向けての言葉を原稿ひとつ持たずに語り始めた。手元に置かれたのは高野岩三郎著『かっぱの屁』。高野は戦後の新生ＮＨＫの会長に選ばれた経済学・統計学者。今回の本の帯には、「大衆とともに歩み、大衆に一歩先んじる」いうＮＨＫ会長就任のあいさつが紹介されている。戦前そして戦中、ＮＨＫは大本営発表に代表されるように戦争の旗振りをした。玉砕した戦死者を称えるために、部隊の地元の民謡を流し顕彰した。そうした負の歴史から訣別するために、戦後あらたに放送委員会がつくられ、荒畑寒村・岩波茂雄・宮本百合子・滝川幸辰といった放送委員たちが公共放送を生まれ変わらせたいということで選んだのが高野だった。高野は、共和国憲法を発案した人でもある。占領下という条件付きだが、民主主義の息吹きはのびやかなものだった。うらやましくてならない。

高野の言葉を引用した前川さんもまた歴史に残る言葉を残した。現場を大事にし、任せ、会長はなにも言うべきではない。ただあえて希望を言えば、この15年のＮＨＫはどうだったのか、自分たちの手で検証する番組をつくり放送してほしいと、前川さんは語った。

稲葉氏の体制になってから特筆すべき番組がいくつも放送されている。ひとつは、ＥＴＶ特集『ルポ死亡退院　精神医療・闇の実態』。人権侵害が世界に知れ渡る日本の精神科病院の構造的問題が、内部の映像や文書によって暴かれた衝撃の調査報道である。もうひとつは『エラー失敗の法則　雪印２つの事件』。酪農家と消費者をつなぐための理想の会社を育てるという創業の志を忘れ、食中毒と食品偽装をおこなった雪印がやりなおすための物語。消費者の信頼を取り戻すために、失敗を20年にわたって社をあげて語り継ぐ姿勢を、ＮＨＫの人間こそ学ぶべきだろう。番組の作り手たちはそのことを伝えたかったに違いない。ＮＨＫは、日本社会の課題を真摯に議論する場を提供し、埋もれていた事実を発掘し、世の中をよくするために、ひたすら汗を流す地道な言論報道機関である。それ以外に存在価値はない。

前川喜平さんを旗頭にした運動は、ひとまず区切りとする。前川氏は日本社会の共有の財産であり囲い込むことはすべきではない。だが、市民とともに歩み自立したＮＨＫに変わるべきという宿題は解決していない。多くの支援をいただいた方たちへのわたしたちの責任は重い。

今回の本の出版にあたっては、たくさんの方のお世話になった。前川喜平さんを筆頭に、報道番組のキャスターとして日々現場から事実を伝える金平茂紀さん、国会パブリックビューイングという新たな世界を切り拓いた上西充子さん、テレビとメディアの世界の未来について提言を続ける鈴木祐司さん。小林緑さん、河野慎二さん、丹原美穂さんの三人の共同代表、事務局長の小滝一志さん。その方々の冷静かつ熱い言葉が運動を実のあるものにした。ＮＨＫの西口で声をあげた池田香代子さん、大貫康雄さん。記者会見で活躍した池田恵理子さんありがとうございました。

ＮＨＫに対する公開質問状は浪本勝年さんの力がなければ、あのような格調高い文章にはならなかった。浪本さんはかつて家永教科書裁判の先頭に立たれた。そんな彼が元文部科学事務次官とともに闘ったことの縁の尊さを思う。浪本さんを支え質問状を起案したのが、元・NHKディレクターとして原発事故の被害に遭った福島から発言を続ける根本仁さん、元・NHKディレクターの皆川学さん。皆川さんとは九条俳句、沖縄の問題でもご一緒することが多い。

紙の署名で奮闘したのは「NHKとメディアを考える会（兵庫）」の西川幸さんだった。西川さんの長年の努力が運動の輪を広げた。NHKの放送現場で働く人たちの声をまとめたり、膨大な文字起こしのリーダーを務めたのは大崎雄二・法政大学教授。大崎氏のもとで多くの仲間が結集した。そして今回声を上げた現役の放送人に感謝したい。名前は出せないのが残念だが、その勇気に頭が下がる。この本は長井暁さんの丁寧な差配のもとで永田浩三が編集にあたった。ご尽力いただいた三一書房の小番伊佐夫氏、高秀美氏に深くお礼を申し上げたい。

●資料1

《公開質問状》前川喜平さんを次期NHK会長に推薦する件の審議状況について

NHK新会長には政権から自立した公共放送のリーダーにふさわしい人物を！

2022年12月5日

日本放送協会経営委員会委員長森下俊三様
日本放送協会経営委員会経営委員各位

市民とともに歩み自立したNHK会長を求める会
共同代表　小林　緑（元NHK経営委員、国立音楽大学名誉教授）
河野慎二（日本ジャーナリスト会議運営委員）
丹原美穂（NHKとメディアの今を考える会共同代表）

貴経営委員会におかれては、放送と通信の融合が展開する今日、日々生起する困難な課題を抱えたNHKの経営に、新たな決意でご努力のことと拝察しております。

前田晃伸会長の任期は、来年1月24日の満了まで残すところ2カ月弱となりました。改選を前に、貴経営委員会では、前田会長（みずほ銀行出身）の後任選出のために、指名部会を開催すると報じられています。

私たちは、公共放送NHKが日本の民主主義と文化の向上・発展にとって果たすべき役割は極めて大きいと考え、次期NHK会長には、ジャーナリズムと文化について高い見識を有し、言論・報道機関として、NHKの自主・自律を貫く人物が選任されるべきだと考えます。

そこで私たちは、政権から自立した公共放送のリーダーに最もふさわしい新会長候補として、貴経営委員会に対し、元文部科学事務次官の前川喜平さんを推薦するとともに、視聴者・市民による緊急賛同署名を集めてまいりました。

このコロナ禍で困難な署名集めでしたが、私たちの当初の予想をはるかに上回る署名が国内のみならず一部海外からも寄せられました。その数は、実にこの1カ月でオンライン署名（約2万4千筆）、書面署名（2万974筆）で計約4万5千筆にものぼりました（2022年12月4日現在）。

NHK会長人事については、第一次安倍晋三政権以降の2008年から現在に至る5期（15年）の長きにわたって、財界出身者が会長に任命されてきました。その間、2014年の籾井勝人会長の「政府が右ということを、左とはいえない」という発言に象徴されるように、NHKニュースが「政治的に公平であること」（放送法第4条）からかけ離れ、時の政権を忖度し、政権に都合のよい論調と報道内容に傾いてきました。

国会でも、こうした籾井会長の言動の影響を受け、2015、16年度と2年連続でNHK予算の国会承認の際、全会一致による参議院総務委員会の附帯決議は、貴経営委員会に対してNHK会長選考に関し、繰り返し次のような異例かつ重要な指摘を行ないました。これは、いまなお記憶に新しいところです。

「会長の選考については、今後とも手続の透明性を一層図りつつ、公共放送の会長としてふさわしい資質・能力を兼ね備えた人物が適切に選考されるよう、選考の手続の在り方について検討すること」（２０１５年３月31日及び２０１６年３月31日）

ところで経営委員会は、２０１３年11月26日、「次期会長の資格要件」（最新のものは２０２２年９月27日決定の５項目＝①ＮＨＫの公共メディアとしての使命を十分に理解している②政治的に中立である③人格高潔であり、説明力にすぐれ、広く国民から信頼を得られる④構想力、リーダーシップが豊かで、業務遂行能力がある⑤社会環境の変化、新しい時代の要請に対し、的確に対応できる経営的センスを有する）として「ＮＨＫの公共放送としての使命を十分に理解している」などといった６項目を挙げていますが、それ以降に就任したＮＨＫ会長の一人は、ＮＨＫの自主・自律を危うくする言動を繰り返しました。このことは、上記「資格要件」を生かした人選が特に求められていることを示しています。

ＮＨＫ会長の人選に際し、それに「ふさわしい資質・能力を兼ね備えた人物」を選考するよう求めた二度にわたる国会附帯決議に反することとなるような事態は、決してあってはならないことです。国会附帯決議は、会長「選考の手続の在り方について検討すること」を繰り返し求めています。したがって、今回の次期ＮＨＫ会長選考にあたっても、貴経営委員会における「熟議」が必要なことはもちろん、附帯決議の精神とともに本年決定の上記「資格要件5項目」を生かした人選が求められているのです。

私たちの会は、次期会長に求められる基本的資格要件として、現行放送法の精神を踏まえ、かつ、ジャーナリズムの在り方について深い見識を有することのほかに、何よりも政治権力からの自主・自律を貫ける人物であることが絶対条件と考えます。

こうした国会の再度にわたる附帯決議による要請に応え、受信料で成り立っている公共放送ＮＨＫの次期会長の選任にあたっては、当然、受信料を支払っている私たち視聴者・市民の声を反映したＮＨＫ会長が任命されることこそが至上命題であると考えます。そこで加計学園問題の国会審議で堂々と真実の証言を行なったことはもちろん、日本国憲法・放送法の精神を十分に会得した人である前川喜平さんを、次期ＮＨＫ会長候補に推薦し、経営委員会に対し、ぜひとも会長に任命するよう11月4日、書面で強く要請いたしました。

現在貴経営委員会は、次期会長候補の選考に当たっていることでしょうが、私たちの会は受信契約者約4万5千人の代表として、前川喜平さんを含む今回の会長選考過程を、注視しております。そして新会長選出の暁には、「手続の透明性」や「選考手続の在り方」等に合致した人選であるかどうか公開にて質問していく所存です。

●資料2

《NHK次期会長選出についての抗議声明》

2022年12月9日

日本放送協会経営委員会委員長森下俊三様
日本放送協会経営委員会経営委員各位

透明性の決定的な欠如と視聴者・市民の声を完全に無視した次期NHK会長選びに抗議します
（付・公開質問状）

市民とともに歩み自立したNHK会長を求める会
共同代表　小林　緑（元NHK経営委員、国立音楽大学名誉教授）
河野慎二（日本ジャーナリスト会議運営委員）
丹原美穂（NHKとメディアの今を考える会共同代表）

貴経営委員会は12月5日、委員12人の全員一致でNHKの次期会長に稲葉延雄氏（元日本銀行理事）を選出したと発表しました。その稲葉氏は当日、「突然のご指名で大変驚いていますが…」とのコメントを発表しました。

大変驚いたのは、稲葉氏だけではありません。次期NHK会長選びに強い関心を持ち、新会長には時の政権から自立した公共放送の真のリーダーにふさわしい人物を、と運動を進めてきた私たち視聴者・市民の方こそ、大変驚きました。

私たちはすでに11月4日、貴経営委員会に対して、これまで5期15年にわたって政権の意向をストレートに受けて選出された財界出身の会長ではなく、時の政権に媚びない姿勢を明確に打ち出し、日本国憲法・放送法の精神を踏まえた前川喜平氏（元文部科学事務次官）を次期会長に推薦してきました。

しかしながら、今回の次期会長選びに、稲葉氏がはからずも「突然…」と表明したことからも明らかなように、貴経営委員会が、公共放送ＮＨＫ会長選考の手続において、透明性を決定的に欠き、かつ私たち視聴者・市民の声を完全に無視したことは、公共放送の存在意義及び民主主義の精神に著しく反するものである、と言わざるをえません。

私たちは、従前にも増して経営委員会の運営及び新会長選考過程の不透明さに抗議するとともに心底からの怒りを表明し、今回の次期会長決定の発表を撤回することを要求するものです。さらに、次の私たちの公開質問状に速やかに回答されることを求めます。

《私たちの公開質問状》

今回の次期ＮＨＫ会長選びについてのいくつかの疑問・質問

いま、国会では日本の防衛のありようをめぐって、日本国憲法第9条とも関係する重要な審議が行なわれています。そうしたなかで、ＮＨＫが事実を正確に伝え、視聴者・市民の関心を呼び起こし、深い議論の場を提供することは、公共放送として大変重要かつ大切なことです。

公共放送NHKが日本の民主主義と文化の向上・発展にとって果たすべき役割は極めて大きいので、次期NHK会長には、ジャーナリズムと文化について高い見識を有し、言論・報道機関として、NHKの自主・自律を貫く人物が選任されるべきだと私たちは考えています。

そこで、私たちの会は、次期会長に求められる基本的資格要件として、日本国憲法はもちろん現行放送法の精神を踏まえ、ジャーナリズムの在り方について深い見識を有することのほかに、何よりも政治権力からの自主・自律を貫ける人物であることが絶対条件であると考えます。

Q1：今回の会長選びの手続において透明性の確保が決定的に欠如しているのではないか
～密室選出過程の問題性、経営委員会の役割は？～

「政府高官によると、首相は水面下で稲葉氏に接触して口説き落とし、自民党麻生副総裁や菅前首相ら総務大臣経験者への根回しを行ったという」（『読売新聞』2022年12月6日号）と報道されています。現行放送法によれば「会長は、経営委員会が任命する」（第52条）と規定されていますが、実態としては首相が決定し、経営委員会は単なるその追認機関に成り下がっているのでしょうか。しかも「全員一致」で。

かつての経営委員経験者の語るところによれば、たとえ一部の経営委員が反対しても、外部に発表する場合は「全員一致」とすることになっており、異論は一切表に出ることはなかったそうです。実際、今回の場合、本当に「全員一致」だったのでしょうか。そこに嘘はないのでしょうか。

もしそうであれば、「複数の財界人に断られ、最終的に稲葉氏に行きついた」（自民党幹部）との見方もある人事（同前『読売新聞』）について、経営委員12人全員は、稲葉氏のＮＨＫ会長としての適格性をいつ、どういう形で認識し、賛同したのでしょうか。また、経営委員会はなぜ会長に連続6期も財界人を求めるのでしょうか。

国会が再度求めた「手続の透明性」（参議院総務委員会附帯決議、２０１５年及び２０１６年）も無視して会長選出をおこなうとしたら、きわめて重大な問題であるため、お尋ねしています。

Q2：私たちが推薦した前川喜平さんは、選考過程で、どのように取り扱われたのでしょうか。
～公共放送のリーダーを選考する際、視聴者・市民の声は無視？～

私たちは、政権から自立した公共放送のリーダーに最もふさわしい新会長候補として、貴経営委員会に対し、元文部科学事務次官の前川喜平さんを推薦するとともに、視聴者・市民による緊急賛同署名を集めてまいりました。このコロナ禍において署名集めは困難を極めましたが、当初の予想をはるかに上回る署名が集まりました。この1カ月、オンライン署名（約2万4千筆）、書面署名（約2万1千筆）あわせて約4万5千筆にものぼりました（２０２２年12月6日現在）。

私たちの会は11月4日、貴経営委員会に対し推薦した前川喜平さんが、視聴者・市民の幅広い支持のあることを証明するために賛同署名約4万4千筆（２０２２年11月30日現在）を提出するとともに、貴経営委員会開催直前の12月5日、前川喜平さんについての審議状況についての公開質問状を提出したのでした。

元総務事務次官（日本郵政グループ）による横槍の「声」（番組介入）には直ちに対応するのに対して、私たち視聴者・市民の声が4万5千筆にのぼっても一顧だにしないのがＮＨＫの「お客様志向」の体質であるとすれば、それ自体大変ゆゆしき問題です。ちなみに、経営委員会指名委員会が２００７年11月27日に定めた「次期会長の資格要件」には「＊外部、内部を問わず推薦する候補がいれば委員長に連絡する」（同日第2回指名委員会議事録）と付記されていました。

Ｑ３：ＮＨＫ会長選考については、２０１５年及び２０１６年、連続して「選考の手続の在り方について検討すること」を国会から求められています。この点に関し、過去数年の間に、貴経営委員会として、どのように取り組んだのか、それとも取り組まなかったのか、お尋ねします。

会長選考にあたっては、ＢＢＣ（英国放送協会）がすでに採用している推薦制、公募制などを積極的に導入することにより、政権から公共放送ＮＨＫへの直接的な介入を避け、視聴者・市民の意見を反映させた開放的な会長選考を行なっていくことを提案します。

このことは、現行放送法のもとでも、経営委員会がその本来の職責に加え、自主性・自律性を貫き通すことは可能なことですし、それが高らかにうたわれています。こうしたことを通じて、失われた視聴者・市民からのＮＨＫへの信頼を取り戻していくことになるのではないでしょうか。

以上の質問については、２０２３年1月15日までに事務局までご回答くださるよう強く要求します。

◉資料3

ＮＨＫ経営委員会からの回答

2023年1月10日

市民とともに歩み自立したＮＨＫ会長を求める会
事務局長小滝一志様

ＮＨＫ経営委員会事務局

12月9日、お問い合わせいただいた質問について、経営委員会として、次のとおり、回答いたします。

ＮＨＫの会長の任命は、放送法で定められた経営委員会の最も重要な任務の一つと考えています。

現任会長の任期は本年1月24日までであるため、経営委員会ではその半年前となる昨年7月に指名部会を立ち上げ、9回にわたり議論を行いました。

昨年7月26日の指名部会では、今後の一連の会長任命の経過に関する情報の管理を厳格に行うため、経営委員の全員が、放送法、経営委員会規程および経営委員の服務に関する準則の遵守につき誓約書に署名しました。

また、8月30日の指名部会では、指名部会規則およびＮＨＫ会長任命にかかる内規に沿って手続きを進めることを確認しました。


（内規の概要）
○指名部会は、現会長の任期満了日の6か月前に招集する。

○指名部会は、次期会長の任命のための評価基準に資するため、ＮＨＫの業務の状況の確認を行う。
○指名部会は、現任会長の業績評価を行い、現任会長を次期会長任命の候補者として選定するかについて審議し、指名部会委員の過半数の賛成により会長候補者として決定する。
○次期会長について複数候補者を想定したうえで、現任会長が会長候補者として選定されるか否かにかかわらず、他の会長候補者の推薦手続きを実施する。
○現任会長以外の人物について、会長候補者とする場合には、その都度各人毎に過半数による賛成をもって会長候補者とする。これにより、会長候補者が複数となることもあり得ることになる。
○指名部会は、会長候補者が複数存在する場合には、最終会長候補者を1名に絞り込むための審議を行い、指名部会委員の過半数による賛成をもって最終候補者1名を選定する。
○指名部会長が最終会長候補者から就任の内諾を得た場合、経営委員長が経営委員会を招集し、経営委員会にて放送法に基づき議決を行い、経営委員9名以上の賛成により会長任命を決定する。
○選定過程での情報管理は厳格に行う。なお、経営委員には、放送法、経営委員会規程および「経営委員の服務に関する準則」の遵守につき誓約書の提出を求める。なお、これは監査委員会にて管理する。

9月27日の指名部会では、次期会長の資格要件について、次のとおり決定し、同日、公表しました。

なお、過去の次期会長の資格要件において、「外部、内部を問わず推薦する候補がいれば委員長に連絡する」といったご指摘をいただきましたが、現在の内規には同趣旨の付記はなされていないことを申し添えます。

【ＮＨＫ次期会長の資格要件】


1ＮＨＫの公共メディアとしての使命を十分に理解している。

2政治的に中立である。

3人格高潔であり、説明力にすぐれ、広く国民から信頼を得られる。

4構想力、リーダーシップが豊かで、業務遂行力がある。

5社会環境の変化、新しい時代の要請に対し、的確に対応できる経営的センスを有する。


10月11日の指名部会では、前田会長からＮＨＫの業務状況の説明を受け、確認を行いました。

11月8日の指名部会では、具体的な推薦手続きについて共有しました。推薦手続きの中では、推薦をすることができるのは経営委員に限っており、外部者からの推薦は受け付けていません。

12月5日の指名部会では、現任会長の業績評価について審議を行うとともに、推薦受付期間内に提出された現任会長以外の次期会長候補者の推薦書を開封し、複数の被推薦者について、審議を行いました。すべての被推薦者の審議の後、現任会長を会長候補者とするかについて、また各被推薦者を会長候補者とするかについて、無記名での投票による採決を行いました。その結果、指名部会委員の過半数の賛成を得た被推薦者は稲葉延雄氏1名のみでした。

指名部会委員の過半数の賛成を得た被推薦者である稲葉延雄氏ついて、同人を最終会長候補者に選定することについて、指名部会委員全員の確認が得られました。

その後、経営委員会を開催し、経営委員会を開催し、全員一致で稲葉氏を次期会長に任命することを決定しました。

経営委員会が稲葉氏をＮＨＫの次期会長にふさわしい方だと判断した理由は、次のとおりです。

○次期会長の資格要件を満たしていることを委員全員が認めたこと。○自主性・独立性が必要とされる日本銀行において、長年にわたり日本経済の発展に貢献するとともに、理事として金融システムの安定化に向けた政策決定に寄与されるなど、豊富な経験、幅広い知識・見識があること。

○民間企業で環境が激変する中での経営の経験があり、リーダーシップを発揮し、人をまとめる力、人の意見を聞く力、組織風土を改善する力があり、前田会長の進めてきた改革を引き継ぐことが期待できること。

○組織の活性化を図り、現場との対話を重視した安定的な運営ができること。

○公平・公正を重んじる公共メディアという観点を強く意識しており、ＮＨＫのガバナンス強化に期待が持てること。

以上のとおり、経営委員会および指名部会は、情報の管理を厳格に行いつつ、会長の任命にあたり、手続きの透明性を図るとともに、指名部会規則およびＮＨＫ会長任命にかかる内規に基づき手続きを進め、次期会長の資格要件を定めたうえで、ふさわしい方を候補とし、次期会長の任命を決定しました。

以上

◉資料4
NHK次期会長選出経過についての貴経営委員会からの1・10「回答」についての私たちの見解
（再質問、公開質問状）2023年1月23日

日本放送協会経営委員会委員長森下俊三様
日本放送協会経営委員会経営委員各位

市民とともに歩み自立したNHK会長を求める会
共同代表　小林　緑（元NHK経営委員、国立音楽大学名誉教授）
河野慎二（日本ジャーナリスト会議運営委員）
丹原美穂（NHKとメディアの今を考える会共同代表）

貴経営委員会に対する私たちの公開質問状（2022年12月9日、以下、本件質問という）について、貴経営委員会の「回答」（2023年1月10日、以下、本件回答という）を同事務局より受け取りました。期限内にお届けくださり、ありがとうございます。

しかしながら結論から申し上げれば、本件回答は、本件質問にまともに、かつ、誠実に答えるものにはなっておらず、とうてい納得できるものではありません。

そこで、やむを得ず、私たちの見解をお伝えし、再質問（公開質問）をせざるを得ないと判断しました。至急、質問にもれなく誠実に回答をしてくださるよう、お願い申し上げます。

以下、本件質問を「Q」として再提示し、それに対する私たちの見解と再質問を具体的に提出しますので、具体的な回答をお願い申し上げる次第です。

繰り返すまでもないところですが、貴経営委員会に対して回答を求めた本件質問は、次の3点についてです。

Q1：今回の会長選びの手続において透明性の確保が決定的に欠如しているのではないか。

～密室選出過程の問題性、経営委員会の役割は？～

Q2：私たちが推薦した前川喜平さんは、選考過程で、どのように取り扱われたのか。

～公共放送のリーダーを選考する際、視聴者・市民の声は無視されてよいのか？～

Q3：NHK会長選考については、2015年及び2016年、連続して「選考の手続の在り方について検討すること」を国会から求められています。この点に関し、過去数年の間に、貴経営委員会として、どのように取り組んだのか否か、お尋ねします。

従前、私たちが要望した文書に対する回答は、決まって10行程度の内容のない味気ない無味乾燥に近い回答でしたから、本件回答がA4で3ページにわたる「分量（文量、文字数）」であったことには驚いた次第です。

しかしながら、本件回答を拝読するに、その内容は、実質的に昨年9回にわたって開催され、公表済みの指名部会議事録の一部「抜粋」に、若干の文字を加えたに過ぎないもので、本件質問に誠実に回答しようとする姿勢を読み取ることは、とうてい不可能なものとなっています。

もともと「抜粋」されたこの指名部会議事録と称するものも、通常想定される会議の「議事録」と呼ばれているものと対比すれば、そのイメージからは相当かけ離れています。「議事録」と自ら称するものの、その内容は、読むものをして議事の内容を理解させようとするものではなく、せいぜい備忘録もしくはメモとでもいえる程度のものです。

したがって、それを「抜粋」して本件回答といっても、本件質問に誠実に答えるものとならないことは明白であり、説得力などは無きに等しいといえます。

ちなみに『NHK放送ガイドライン2020』の「NHK倫理・行動憲章」中の「行動指針」には「お問い合わせには、迅速、ていねいにこたえます。ご意見、ご要望は真摯に受け止め、番組制作や事業活動に生かします」（同書p75―76）と視聴者に対するNHKの決意が書かれています。

さらに「18誠意ある対応」の「①視聴者の声への対応」には「ニュース・番組に対する問い合わせや意見、苦情などには誠意を持ってできるだけ迅速に対応する。」（同p61）とも態度表明されています。

この『NHK放送ガイドライン2020』にあるように「迅速」「ていねい」「真摯」「誠意」のことばにそった経営委員会の再回答を、私たちは強い関心をもって要求する次第です。

次に、各質問について本件回答を検討し、再質問いたします。

Q1：今回の会長選びの手続において透明性の確保が決定的に欠如しているのではないか。

～密室選出過程の問題性、経営委員会の役割は？～

本件回答によれば「12月5日の指名部会では、……次期会長候補者の推薦書を開封し、複数の被推薦者について審議を行い……無記名での投票による採決……の結果、指名部会委員の過半数の賛成を得た被推薦者は稲葉延雄氏1名のみでした」(p2、3)とのことです。

このことは、12月5日当日、初めて次期会長候補として具体的に稲葉延雄氏の名前が登場したことを意味します。

ところが、世間ではすでに、この12月5日の指名部会における審議・決定に先立ち、次期NHK会長が決定したかのように報道されています。具体的には、次のような数々のものです。

①12月3日0時17分発信の「東洋経済Online」の記事「NHK次期会長人事、丸紅元社長の朝田(照男)氏で最終調整」中の「12月2日までに最終候補として丸紅元社長の朝田照男氏に絞り込まれたことが東洋経済の取材でわかった」

②12月6日『読売新聞』記事「政府高官によると、首相は水面下で稲葉(延雄)氏に接触して口説き落とし、自民の麻生副総裁や菅前首相ら総務相経験者への根回しを行ったという」

③12月6日『毎日新聞』記事「検証稲葉NHK前途多難」中の「ある自民党国会議員は『官邸が人選に深く関わる動きは確実にあった』と打ち明ける」及び「NHK周辺では、これまでに総務省OB、経済団体の元幹部、商社出身者らが取り沙汰されていた」

④12月7日『信濃毎日新聞』社説「NHK新会長選出過程密室に閉ざすな」中の「今回も政治の介入はあらわだ。岸田文雄首相は既に先月下旬、自民党の麻生太郎副総裁に稲葉氏を起用する意向を伝えている。別の経済人の起用を探る動きもあった党幹部らへの根回しを済ませた上で、経営委による選出の手続きを踏んだにすぎない」

⑤12月9日『東京新聞』社説「NHK会長人事人選への疑問尽きない」中の「国民のために存在するNHKのトップ人事を政府や経済界の都合だけで決めることは許されない」

⑥12月11日『神戸新聞』社説「NHK次期会長政権との距離が問われる」中の「形の上では最高意思決定機関である経営委員会の選出だが、実際は岸田文雄首相が稲葉氏を推し、自民党幹部らの了承を取り付けたという」

⑦『週刊現代』2022年12月24日号「岸田・菅・麻生が綱引き NHKのトップ人事『大逆転』はなぜ起きた」中の「菅氏のNHKへの影響力を削ぎたい岸田官邸がこの構図に気付き、横槍を入れた。『岸田総理のいとこの宮沢洋一自民党税調会長が「日銀の元プリンスでいいのがいる」と稲葉氏を推し、それに総理が乗っかった』（NHK関係者）」（同年12月19日現代ビジネスオンライン（講談社）の「NHK『トップ人事』をめぐる『岸田vs菅』壮絶バトルの内幕」と題する記事はこの『週刊現代』を引用）

⑧12月19日『朝日新聞』夕刊　NHK会長人事に透明性を」との記事中の「同僚の取材に『政治の意向が働いた』と示唆した与党幹部もいた」

⑨本年1月9日のBS・TBS番組「報道1930」での田﨑史郎氏の次の発言「岸田首相が1、2の側近とのみ相談し稲葉延雄氏に決定した」（20時40分頃）

⑩本年1月19日『毎日新聞』「記者の目」欄の屋代尚則記者による「NHK会長人事視聴者から見えぬ選考過程」記事中の「昨年、NHKの理事経験者や元官僚、元大手商社社長らが就任する可能性があるとの情報を入手し、……」

これらの報道・発言が事実とすれば、貴経営委員会での議論などは全く無視され、12月5日の指名部会開催以前に事実上、次期NHK会長が決定していたこととなります。本件回答とは、まったく「矛盾」しています。

本件回答がNHK経営委員会としての「真実」「正当性」を示すものならば、これらの報道に対して、貴経営委員会は、そんな事実はまったくなかったと毅然として抗議しなければなりません。なぜなら、報道されたものは、貴経営委員会の存在意義や独立性を根本から踏みにじる暴力的なものだからです。しかし、貴経営委員会はこれまでのところ、この件に対し一貫して沈黙したままです。本件回答と矛盾するこれらの報道・発言に対し、貴経営委員会としては、どう反論されるのかお聞かせください。

ちなみに、かつて新会長任命に至るまでの過程において混乱が生じた2010年当時の件について、監査委員会から経営委員会に対して、「監査委員会活動結果報告書（新会長任命に至るまでの経過についての調査報告書）」（2011年2月5日）が提出されたことがあります。

今回も、監査委員会による調査報告書が必要となる案件と考えますが、いかがでしょうか。

Q2：私たちが推薦した前川喜平さんは、選考過程で、どのように取り扱われたのか。
～公共放送のリーダーを選考する際、視聴者・市民の声は無視されてよいのか？～

すでにふれたとおり、本件回答は従前の視聴者部や貴経営委員会のそれと異なり、長文のものとなっています。これは、2018年秋に日本郵政上級副社長の鈴木康雄氏（元総務省事務次官）1人が圧力をかけたのとは異なり、私たち視聴者・市民が約4万5千人の署名を集めて要望したことによるのかもしれません。

しかし、本件回答においては、前川喜平氏の取り扱いには全く触れず、「過去5回の会長任命の経緯について確認した」（第2回指名部会議事録、2022年8月30日）にもかかわらず、ただ冷たく「過去の次期会長の資格要件において、『外部、内部を問わず推薦する候補がいれば委員長に連絡する』といったご指摘をいただきましたが、現在の内規には同趣旨の付記はなされていないことを申し添えます」と書いて、実質的に回答を拒んでいます。

では、なぜ、いつ、どのような理由で付記を削除したのでしょうか。付記されていなくても、会長選任に当たって公共放送NHKが取るべき態度は、4万5千人の受信料納入者が推薦する会長候補者をいか様に取り扱ったか、説明を尽くすことが求められているのではないでしょうか。


Q3：NHK会長選考については、2015年及び2016年、連続して「手続の透明性を一層図りつつ、……選考の手続の在り方について検討すること」を国会から求められています。この点に関し、過去数年の間に、貴経営委員会として、どのように取り組んだのか否か、お尋ねします。

本件回答は、この国会附帯決議については、まったく無視しています。これでは、国会からの要請を無視したものとして、NHK予算承認などの国会審議の際、大きな問題となるのではないでしょうか。この間の7～8年の取り組みについて、お答えください。

どうぞ私どもの要望をお汲み取りくださり、ご回答くださいますよう、お願い申し上げます。なお、以上の再質問については、2023年2月20日までに事務局までご回答ください。

◉資料5
NHK経営委員会からの回答

2023年2月14日

市民とともに歩み自立したNHK会長を求める会
事務局長　小滝一志　様

NHK経営委員会事務局

1月23日、お問い合わせいただいた質問について、経営委員会として次のとおり、回答いたします。

会長任命の手続きにおける透明性については、人事に関する情報のため、お答えできる内容が限られており、1月10日付けの回答文書をご参照ください。

また、会長任命の手続きにおいて、具体的に名前のあがった個人に関する情報についても、人事に関する情報のため、お答えできません。

なお、会長任命の手続きについては、参議員総務員会の付帯決議もふまえ、これまでも次期会長の資格要件の見直しなどを行ってきました。

1月10日付の回答文書でも述べましたように、推薦者は、会長の任命に責任を持つ経営委員会委員に限っており、外部者からの推薦は受け付けていないことをご理解いただきますよう、よろしくお願いいたします。

以上

●資料6

経営委2月14返信への再々質問

2023年3月8日

日本放送協会経営委員会 委員長 森下俊三 様

日本放送協会経営委員会 経営委員 各位

市民とともに歩み自立したNHK会長を求める会

共同代表 小林 緑（元NHK経営委員、国立音楽大学名誉教授）

河野慎二（日本ジャーナリスト会議運営委員）

丹原美穂（NHKとメディアの今を考える会共同代表）

貴経営委員会からの2・14『返信』についての質問

貴経営委員会に対する私たちの再質問・公開質問状（2023年1月23日、以下、本件・再質問という）について、貴経営委員会の「回答」と称する1頁の『返信』（2023年2月14日、以下、本件返信という）を私たちは受け取りました。

本件に至る経緯を振り返りますと、貴委員会が昨年12月5日、委員12人の全員一致でNHKの次期会長に稲葉延雄氏（元日本銀行理事）を選出したと発表したことに対し、私たち〈求める会〉が昨年11月4

日、前川喜平氏（元文部科学事務次官）を次期会長に推薦するとともに、その後、ＮＨＫ会長選出手続きの透明性を求め4万6千人余の受信料納入者が前川喜平氏を次期会長に推薦してきたことをどのように取り扱ったのかについて、第1回の抗議声明及び公開質問状を12月9日に届けたことに端を発します。貴委員会から私たちの〈求める会〉に届いた今年1月10日の「回答」なる文書は、それまでの簡略な1頁の「回答」とは異なり、3頁にわたる「分量」でした。しかし、その回答内容は私たちの質問に真正面から誠実に答えるものとは到底言えず、「回答」という名を冠した『返信』に過ぎませんでした。

そこで私たちは、冒頭に記しましたように貴委員会に対して「1・23本件・再質問」を発し、貴委員会からは1頁の『2・14本件返信』を受取りました。しかしながら今回も又、私たちの質問にまともに答えようとしない、極めて内容空疎にして慇懃無礼とも言うべき内容の『返信』でした。貴委員会の『返信』は以下のように述べています。

①会長任命の手続きにおける透明性については
↓人事に関する情報のため、答える内容が限られる
↓具体的に名前があがった個人に関する情報についても、人事に関する情報のため答えられない
②参議院総務委員会の付帯決議について
↓これまでも次期会長の資格要件の見直しなどを行ってきた
③２００7年11月7日に経営委員会が定めた「次期会長の資格要件」には「＊外部、内部を問わず推薦する候補がいれば委員長に連絡する」と付記されていたことに対し
↓推薦者は会長の任命に責任を持つ経営委員会委員に限っており部外者からの推薦は受け付けていない

このような、「回答」と称する『返信』を、放送法第29条（経営委員会の権限等）の条項に照らしてみると、私たち「求める会」は、〈みなさまの公共放送〉ＮＨＫの最高意思決定機関としての「回答」とは到底認めることはできません。なぜならば、質問項目のいずれに対しても、誠実で真剣な検討と精査がなされたとは考えられない文言の羅列に過ぎないからです。そして最も重要な点は①会長任命の手続きにおける透明性について、「人事に関する情報のため」「個人に関する情報についても、人事に関する情報のため」に、『お答えできません。』としている理由説明です。これが答えられない理由とするならば、極めて矛盾に満ち満ちた「回答」ということになります。なぜならば、会長任命の手続きにおける≪透明性≫とは、『人事に関する情報』を出来るだけ視聴者に広く公開することに大きな役割が課せられていることにその真髄があるからです。貴委員会がそのことに気付いていないはずはありません。それは、経営委員会が会長任命の手続きにおける透明性への努力の放棄及び実質【不透明な選任手続き】を糊塗する意図があるからです。

つまり、貴委員会にはＮＨＫ会長選出をこれまで通りの【密室談合】で決めることを続行する強い意志が働いているからこそ、今回の「回答」と称する『返信』を届けてきたのである、と私たちは確信しています。

しかし、そのようなＮＨＫ経営委員会で果たしていいのでしょうか。大多数の受信料納入者に対して、ＮＨＫが将来に向け正々堂々と存立する組織であり続けることが出来るでしょうか。私たちはＮＨＫの重要性を十分に認識するとともに、ＮＨＫへの国民のさらなる信頼を高めるためにも〈みなさまの公共放送〉ＮＨＫの経営委員会が民主的な運営、並びに受信者へ誠実に向き合うことを求め、今回は貴委員会からの「2・14『返信』についての質問」という形で大いなる警告を発することに致しました。

今回の『質問』の内容は、前回の私たち〈市民とともに歩み自立したＮＨＫ会長を求める会〉からの「再質問・公開質問状（２０２３年1月23日）」と同文です。

念のため1月23日に提出した質問状〈ＮＨＫ次期会長選出経過についての貴経営委員会からの１・10「回答」についての私たちの見解（再質問、公開質問状）〉及び同時に提出した署名簿の表紙を同封します。

貴委員会の、ＮＨＫ会長任命手続きの《透明性》をはじめとする真摯で誠意に満ち、内実の伴うご回答をお待ちいたします。

以上の質問については、２０２３年3月22日の『放送記念日』までに事務局にご回答ください。

事務局長　小滝一志

●資料7

ＮＨＫ経営委員会からの回答

２０２３年3月14日

市民とともに歩み自立したＮＨＫ会長を求める会

事務局長　小滝一志　様

NHK経営委員会事務局

3月8日にお問い合わせいただいたご質問については、繰り返しになりますが、経営委員会として回答できる内容を1月10日及び2月14日付けの文書に記載しています。

経営委員会は、指名部会で定めた次期会長の資格要件に基づき、人選を進めました。

【NHK次期会長の資格要件】

1　NHKの公共メディアとしての使命を十分に理解している。
2　政治的に中立である。
3　人格高潔であり、説明力にすぐれ、広く国民から信頼を得られる。
4　構想力、リーダーシップが豊かで、業務遂行力がある。
5　社会環境の変化、新しい時代の要請に対し、的確に対応できる経営的センスを有する。

会長任命の手続きについては、人事に関する情報のため、お答えできる内容が限られています。ご理解賜りますよう、よろしくお願いいたします。

以上

●資料8

貴経営委員会からの3月14日「回答」について　私たちの抗議と見解

2023年3月27日

日本放送協会経営委員会委員長森下俊三様
日本放送協会経営委員会経営委員各位

市民とともに歩み自立したNHK会長を求める会
共同代表 小林　緑（元NHK経営委員、国立音楽大学名誉教授）
河野慎二（日本ジャーナリスト会議運営委員）
丹原美穂（NHKとメディアの今を考える会共同代表）

貴経営委員会から、3月14日付の「回答」を受け取りました。これまでの私たちからのたびたびの「質問」「再質問」に対し、その都度ご回答を頂き感謝しております。しかしながらこれまで受け取りました「回答」、そして今回の「回答」内容について、私たちは全く納得することができず、深く失望しております。

中でも最大の問題は、私たちがNHK会長候補として推薦した前川喜平氏に関し、選考過程ではどのように取り扱われたのかという質問に対し、「人事に関する情報のため、お答えできる内容が限られている」と返答された点です。私企業のトップならともかく、「公共」放送のトップの人事決定には、深い透明性と公平性が求められます。しかも今回の会長決定の過程では、岸田政権が深く関わっている旨の複数の報道がなされています。新会長の「政治的中立性」が大きく疑われる事態です。

貴委員会の「回答拒否」ともいうべき今回の「回答」は、この選考過程への疑惑を隠蔽すると同時に、受信契約者が「推薦」という形で意見を提出することを拒否する意図を公然と表明したものとしか思えません。私たちの提出した4万6000人余の署名は、決して少なくはない数のはずですが、会長選考の過程において「受信契約者の意見が反映されていない」という構造的欠陥が明白となりました。

したがって、今後私たちは、新NHK会長体制の下で、NHKが真に自立した公共放送として運営されていくのか否かを監視すると同時に、次期NHK会長選考の際にも、政権からの介入を排し「市民とともに自立したNHK会長選出」を貴経営委員会に求めて運動を続けていくことをここに宣言します。

私たちはこの運動の過程で、「自立した公共放送」はどうあるべきか、多くの議論を積み重ねてきました。その成果を『公共放送NHKはどうあるべきか』というタイトルの書籍としてまとめ、三一書房から5月連休明けに出版します。貴経営委員会におきましても、ぜひこの書を熟読いただき、私たちと問題意識を共有されますよう心より望みます。

【本件の連絡先】市民とともに歩み自立したNHK会長を求める会

事務局長　小滝一志

◉資料9　ＮＨＫ現場の職員の声

市民とともに歩み自立したＮＨＫ会長を求める会
２０２２年12月27日

定期的な職員との会や別の元職員が独自のルートで集めた現職職員たちの意見です。

アンケートによる世論調査のような定量調査ではなく、フォーカスグループインタビューや参与観察などさまざまな定性的手法による質的調査の結果をまとめました。内容はそのままで、ＮＨＫ内部の独自の用語に注釈をつけたり、わかりにくい部分や表記を変えたほかは変更していません。

1.会長、経営委員会、政権に対する「忖度」、公共放送としての姿勢

(1)経営委員会、会長

○経営委員の選出や会長の選出プロセスが不透明で、つねに政権の影響力がとりざたされるのが異常だ。本来、透明性とともに、日本学術会議と同様の自立（律）性が担保されてしかるべきだと思う。

○「かんぽ不正販売問題」で、経営委員とＮＨＫの関係が明るみに出たが、現場の人間として辛かったのは、議事録の黒塗りを検討していたという経緯を知ったこと。公共放送の取材者として、取材で大切な「武器」を取りあげられるに等しい判断がなされようとしたことに絶望した。

○放送法にあるＮＨＫ予算や経営計画の国会承認の規定が、政治部を通した政治への忖度を生んでいて、それによって国民、視聴者がＮＨＫに愛想を尽かしつつある。「公共」とは何か、『放送ガイドライン』の内容など、新会長や経営幹部向けに勉強会をおこなってほしい。あるいは、先日クリエイターセンター職員向けに行われた「リスクマネジメントブートキャンプ」の核心部分を、新会長や経営幹部にも受講してもらいたい。

○会長が財界人続きのせいもあるのか、ＮＨＫ自体が「公共」でなく、「経済集団」に変わっていることへの危機感がある。「かんぽ問題」を契機に経営委員会の議事録も読んだが、被害に遭われた方に寄り添う気持ちは微塵もなく、経営者目線で押し通す傲慢なやりとりに、一般の生活実感とかけ離れていると感じた。

○公共放送のあり方として、国家権力との関係は第一義的な問題なので、そのあたり人選にあたってどういう議論があったかは知りたい。一方で、誰が候補か……というより、経営委員会の存在が可視化されることが大事だと思った。ＮＨＫ会長の選び方のありようにも目が向くとよいなと思った。

○「ＮＨＫにどうあってほしいのか、一緒に考えよう」という趣旨のことが経営計画などによく書かれているが、そもそも上層部が「未来のビジョンをどう描き、どのようなＮＨＫになっていくべきか」を、まずは「自分たち」で裏表なく明確に示してほしい。

○ＮＨＫが２０２１年１月に発表した「日本放送協会の経営に関する基本方針」の中には、「何人からも干渉されず、不偏不党の立場を守り、表現の自由を確保し、健全な民主主義の発展に資するとともに」という記述がある。しかし、次期会長の選考過程は非公開で、各社の報道によれば、その選考過程に岸田総理大臣の関与がとりざたされているという。また、ＮＨＫ理事の一部は「政治部出身者」で占められていたり、ニュースや国会中継では時として「政権より」と評される放送をおこなうことがあり、とても「何人からも干渉されず、不偏不党の立場を守り」と言えない実態がある。もし、経営層が言うＮＨＫへの理解や好感度を上げるのであれば、民主的とは言えない「密室の中での会長選考」、「政治との距離の近さ」を改め、ＮＨＫが自ら掲げた「経営に関する基本方針」を遵守し、そのことを多くの国民、視聴者に知ってもらうことではないかと思う。

○ＮＨＫ経営層は今、働き方、人事制度、営業体制といった様々な「改革」を、会長の号令一下、一気に進めているが、これまでの業務が整理されず、全体の工程も緻密に設計されないまま、場当たり的な指示ばかりおりてきて、現場の消耗感はつのり、若手の有望な人材が数多く転職していると聞く。しかも、こうした「改革」の結果、どのようなＮＨＫに生まれ変わるのか、それはいつまでに実現されるのか、将来像のビジョンがしっかり提示されていないことも問題があると思う。

○世界的に民主主義の将来が懸念される今こそ、公共メディア、公共放送であるＮＨＫの果たす役割は大きくなっていると感じる。また、働く人一人一人が「人」として守られる組織の必要性も高まっている。経営がそうした時流を敏感に察して、会長の選考など内部情報を開示し、不偏不党を文字づらだけに止めず、職員のモチベーションを引き上げるビジョンを定める。こうしたことは一見、ハードルが高いように思われるが、実はとてもシンプルで当たり前のことだと思っている。

○そもそも会長の選定プロセスが「ブラックボックス化」しすぎている。視聴者はもちろん、ＮＨＫ職員もまったくそのプロセスがわからないため、視聴者に問われても説明することさえできない。特に今の前田会長に関しては、みずほ銀行の改革にも失敗しており、NHK会長に選ばれた根拠がまったくわからない。実際、何の成果もあげていないが、誰がどう責任をとり、この失政の影響をリカバーするつもりなのかもわからない。

○コンサルに49億、ふざけるなと思った。「KPIを示せ」(Key Performance Indicator＝重要業績評価指標)等々このところビジネス用語がやたら増えたのはコンサルの影響だったのか。

○「改革」を進めるのは結構なことだと思うが、現場ではかえって負担が増えている。さらに、職員間の分断を招いている懸念がある。この結果について誰が責任をとるのか?

○前川さんは「公共」というものが何かをわかっている。ああいう人がNHK会長になってくださると、ほんとうにいいと思う。今、NHKは、コンサルなどに山ほどお金を払っている。NHKに「資本の論理」が入っているのと無縁ではないと思う。「政治の圧力」というのはまだわかりやすいけど、「公共の論理」ではなく「資本の論理」で公共放送を語ろうとする。それが近年、ひどくなっている。

○「70代の元日銀理事」という肩書だけ見れば、収まりはいいが、年をとりすぎでは?この期に及んで、そういう(日銀的な)公共性の追求をしている余裕は、NHKにはない。NHKの諸問題は会長を変えて解決する問題ではないので、何か成果を出すというより、「現場に対して地に足ついた、よい改革をしようとした痕跡を残せるか?政治に対して、毅然と抵抗して足跡を残せるか?」だと思う。

○財務よりも公共的な使命に重きを置いているようなので、同じ銀行出身とはいえ、やはり日銀マンは違うなという感じだ。前田の時代は終わったことで、茶坊主ともども消えてくれると、うれしいなと。

○前田よりはマシじゃないか?前田は人事制度改革などでNHKをメチャクチャにした責任をとるべ

き。新会長について、周りではほとんど話題になっていない。現場からの前田さんへの不信感は強い。その分、次期会長への期待はまだ今のところ大きい。

○外の目を借りてみよう。これら一連の問題に関しては全国紙はもちろん、地方紙もさかんに社説で取り上げ、至極まっとうな批判を繰り広げてきた。例えば『京都新聞』は「違法な番組介入明白に」と題し、放送法32条に抵触するのは明らかだと断じている。『中国新聞』は、「放送法守らぬ者は去れ」と題して経営委員会が国民の利益を損ねかねない行為をしたと断じている。『神戸新聞』は「NHKと郵政」について、報道の自由をどう捉えているのか、とメディアとして根源的な疑念を呈している。『沖縄タイムス』は「NHK経営委員会　自主自立脅かす行為だ」「公共放送の使命である自主自立をないがしろにした」と、中枢機関自らが自主自立を軽んじ骨抜きにしたことを指摘。こうした社説は全国にまだまだたくさんあり、広く掲載され、読まれた。これらの言葉は誤っているのだろうか？これらの新聞はレベルが低く、公共放送や自主自立について真剣に考えておらず、理解していないなどと言えるのか？本気でそう開き直ることのできる人間がいるのだろうか？（NHKが）上からどんどん腐っていっているのだとしたら、現場の私たち一人ひとりが胸に手をあてて批判を受け止め、考えねばならない。考えるだけではない。必要な時に行動せねばならない。このような組織の中枢のありようを許している今のNHKはおかしい。デジタル社会に乗り遅れるかどうかに汲々とする前に、まず自らの体に乗っかっている頭がまともなものではなくなっていることに気づかねばならない。新しい会長が開口一番に放送法の理念に触れたことには希望を感じる。願わくば、ともにNHKを正常化していく3年間となってほしい。そのためであれば苦労もいとわない。

⑵政権への「忖度」、公共放送としての姿勢

○ＮＨＫの番組制作現場では、「政治家への忖度」が上層部からおりてきそうなテーマに対して、「政治（部）マター」という言葉がしばしば使われる。「忖度」の度合いは、ときに必要以上で、年度末の予算審議への影響が配慮され、正当化されがちだ。３年に一度の経営計画、毎年の予算事業計画の国会承認をスムーズに得ることを目的として、政治部出身者に権限が集中しがちなことなど組織の力学も決まっている。「過剰な忖度」がまかり通る組織風土を変えるためには、それ自体が放送法違反であるところの、放送内容に介入するような国会論議や外部からの圧力を許さない、毅然とした姿勢を示すことができる会長の存在が不可欠だ。

○「番組の試写中、政治部からの圧力で内容を修正させられた」という話を複数の職員から聞いている。圧力をかける側にも問題があるが、なぜ、そういったことに対して番組制作者たちが反発しないのかも理解できない。公平公正・不偏不党の公共放送としての役割が果たされていない。

○そもそも制作局のＰＤ（プログラム・ディレクター、制作担当者）が政治ネタをやろうとすると、「謎のストップ」がかかってしまう。そもそもＮＨＫと政権の関係については、報道局以外の部分が「ブラックボックス」化しているのが現状ではないか。政治家の取材はシビアな世界のため、「勝手を知らない部署は荒らすな」という気持ちもわからないではないが、視聴者の知りたいことを追求するために、政治こそ部署を横断して取材をしていく空気をつくっていくべきではないのか。

○怒りと恥を感じている。「かんぽ問題」以降、番組への露骨な介入そのものが重大な問題だが、介入や圧力を「そうではない」と言いつのり、「ガバナンス」なるものの問題にすり替えたあげく、放送法にのっとった経営委員会議事録を公開しないことを正当化する、つまり公共放送としてもっとも守るべき則（のり）を踏みにじって恥じない者たちが組織の運営をつかさどっていることに、強い怒りと、視聴者に対する羞恥とを感じ続けている。さらに恐ろしいのは、この当然の怒りと恥を感じない、感じようとしない職員が、それこそ経営委員会に近い上のほうからじわじわと広がり増えていっているのではないかということだ。彼らは「自分たちこそがまともで、正常だ」と思い込んでいはしないか。あるいはアイヒマン（ナチス・ドイツ親衛隊中佐）のように、あるべき理念や倫理を考えることをやめ、組織の機構の部品になろうとしてはいないか。

○本来、政策を報じるにあたっては、NHKとしても批判的に自律的に検討を重ね、課題や実効性などを市民目線から問う必要がある。しかし、現在の報道・番組はいずれも行政の広報番組化している。しかも、「むしろそれがよい」とする考えが、部長級以上の管理職に蔓延していて、タフな行政取材をいっさい経験していないCP（チーフ・プロデューサー）も既に少なくない。今後が不安だ。

○新聞や民放、Webなどでさまざまな報道がされているとおりだと思う。ただ、今に始まった事ではない。問題なのは、「NHKが政治と距離をとる、最低でも距離をとっているように体裁をとる体力、思考力、組織力がなくなってきている点」かと思う。

○「政権に忖度しない、毅然としたNHK」に＝ここがしっかりしないと、何を伝えても信頼されない。

○政権への忖度等がひどすぎ、NHKニュースのオーダーやとりあげる内容が異常に思え、職員でありながら、ニュースを見なくなって久しい。日々、誰がニュースのオーダーを決め、どんな取材方針なのか？　可視化してほしい。

○職員をはじめとするＮＨＫ業務に携わるすべての人の「内部的自由」を認めてほしい。『放送ガイドライン』は、主語が常にＮＨＫだ。個人の内部的自由の保障の記載はなく、上の命令に現場は従わざるを得ない。『放送ガイドライン』に「ＮＨＫ業務にたずさわる人は、『放送ガイドライン』にのっとって取材・制作にあたり、何人からもガイドラインに反することを強制されない」との追記を求める。主語を「ＮＨＫ」ではなく業務に関わる個人に変え、たとえ経営と現場の意見が異なっても民主的討論を可能にするように求める。

○政権に対しても視聴者に対しても、「忖度」することは公共放送であるＮＨＫにとって最大の致命傷であると思っている。政権批判のおぼつかなさはさることながら、視聴者に対してもひたすら媚び、ＳＮＳで話題にされることに躍起になりすぎだと感じる機会が増えている。視聴者とのコミュニケーションよりも数字に目を奪われるようになった結果ではないだろうか。これまでのような「マスメディア」としてのＮＨＫの維持に、もはや未来はないのだから、身の丈に合った発信のあり方を探していくべきだろう。やみくもにコンテンツを作り、一方的に送り放しにするあり方では、視聴者の不信感はますます募ると思う。私たちに何が足りないか、何が過剰なのか、視聴者をもっと信じて耳を傾けるべきだ。そのためにも、「改革ありき」で、機械的なスクラップアンドビルドを進めるよりは、公共性のあり方を常に自問し、対話の窓口を開放するような会長が望ましい。前川さんはそんな公共性への開かれた姿勢を感じさせる方であり、一緒に次なるＮＨＫを作っていけることを強く望む。

○「衛星放送、ハイビジョン、4K、8K……」、政府・自民党にすり寄り、〝ギブ・アンド・テイク〟の関係を作ることで、1980年代以降、肥大化を続けたNHK。ジャーナリズムを大切にしない巨大組織は近い将来ぶっこわされるしかないだろう。しかし、「日本社会には公共放送が必要だ」と信じて取材・制作にあたる職員たちまで、その存在価値を否定されるわけではないと思う。むしろNHKの良心を大切にしながら、政府・自民党にもしっかりと対峙できるまっとうな報道機関に生まれ変わっていきたい。その意味で、「日本社会に公共放送は必要だ」という立場に立って、公共放送の果たすべき役割は何かを人々に問いかける今回の運動は大切にしたい。たとえ、NHKが壊れたとしても別の形で真の公共放送が残ってほしいと強く思う。

○番組制作が、若者を中心とする接触率アップをめざす、マーケティング志向の編成主導になりすぎていて、それがNHKの長期的な制作力やモチベーション低下をもたらしている。経営は「クリエーション」ということを理解していないのではないか。創造的な番組制作は、現場を信頼し自由を保証することからしか生まれず、経営にできるのは、そのための環境づくりであることを認識してもらいたい。

○「NHK離れ」を嘆きながら、コンサルや新放送センター建設、オリンピック放送権などに莫大な金を使い、制作費を削っていくのはおかしい。

○公共放送として伝えるべきテーマから目を背けているケースも多いと現場レベルでも感じている。例えば、2021年8月6日当日は、原爆の「Nスペ」を放送せず、オリパラの番組を放送していた。また、東日本大震災関連の番組も、10年を区切りに放送が減っている。一体何のためにNHKが存在しているのか？と疑問に感じたし、この状態ではもはや存在意義がないのではないかと絶望している。

○少数者、困った人々に寄り添うＮＨＫに。公共性とは、「八方美人、最大公約数」ではなく、「声なき声」を尊重することであるはずだ。

(3)受信料

○現在の受信料制度は、時代のニーズ、要請にはまったく合っていない。根本的な改革が必要であるが、市民との議論をするための土壌もまったくつくることができていない点に懸念を感じる。

○「将来の『ロイヤルカスタマー』（継続して商品やサービスを購入してくれる忠誠心の高い顧客）育成のため、受信料収入増を見越して視聴率獲得を」と声高に叫んでいるものの、果たして現行制度のままでこのままいけるのか？という違和感がある。

○これまでの受信料制度は巨大放送事業体としてのＮＨＫを拡大していく前提で設計されてきた。本来、公共放送としてなすべき最小限の業務に絞り、納得して支払っていただけるような体制を構築する必要があるだろう。少なくとも、AmazonPrimeやNetflix等以上の金額では、サービスの対価として納得感を得るのは難しいと思う。

○個人的には、「スクランブル化」や「徴収方法を工夫する」「強制力を強める法をつくる」といった小手先のことではなく、受信料を払うに値する番組とサービスを提供し続ける一点しかないと思う。そのためには「平等」や「公平」に過剰に縛り付けられることから脱するべきなのではないか。例えば「みなさまから平等にお支払いいただいて」だが、そもそもきちんと支払っている人がリアルタイム放送視聴以外のメリットがある（ＮＨＫオンデマンドのように過去の番組が見られるくらいメリットがないと、他のサービスと比べたときに積極的に利用したいと思えない)、「公平」に扱うことで番組が丸くなってしまうよりも、制作者の意図がきちんと見えるのであれば、「偏って」いてもいい(もちろん両者への緻密な取材に基づき)など、まずは視聴者が月額1950円(1100円)払ってもいいサービスって?ということからスタートし、組織を組み立てていくという考え方が今後必要になってくるのではないか。

○縮小して受信料を下げていくしか、視聴者に理解されるすべはないと思う。

○不払い世帯に対して「法的措置をとる」と圧力をかけ、確かに収納率は上がったかもしれないが、受信料制度の基礎にあるNHKと視聴者の信頼関係、制度への理解は逆に損なわれてきたのではないか。現行の額も含め、受信料制度への不満・批判はかつてなく高まっている。立花の党への支持もそのあらわれだ。このままで5年後、10年後に果たしてNHKが存続しているのか、危惧を抱く。放送法が変えられれば、NHKは一瞬にして消え去る存在であることに、経営も職員も思いを致すべきだ。

2. 放送

(1)番組、報道

○視聴率や政権の意向や接触率とかに振り回されるのではなく、放送法を遵守し、『放送ガイドライン』を編集室でも読みあげながらニュース企画や番組をつくるような風土をつくってほしい。

○視聴率に左右されない、多様で魅力的な番組を送り届けるNHKに。「若者の接触率を高める」といううたい文句に呪縛されず、地方民放などの健闘に学んでほしい。

○NHKが指向すべきなのは視聴率ではない。番組を通じて、課題に対する解決策をどう提示し、意識・行動変容をどう及ぼして、社会にどんなよい変化をもたらしたかを評価軸にすべきだ。視聴率、接触率を「KPI-5」とする今の制作体制では世の中にいっさい役に立っていない。

○CP（チーフ・プロデューサー）以上の過剰な忖度で番組自体が取り潰されることや、視聴者がほんとうに知りたいということに届かないことが頻発しているように感じる。どこを向いて番組をつくっているのかNHK自身が見失っていると思う。

○災害等の緊急報道の中継業務ができない職員が多すぎると感じる。災害現場で中継コーディネートさえできず、カメラ横に出された「カンペ（カンニング・ペーパー、ほとんど行政の発表だけ）を丸読みするだけの記者も多く、見ていて恥ずかしくなる。

○「働き方改革」や「ダイバーシティ&インクルージョン」の取り組みで職員の労働環境は急速に「ホワイト化」しつつある。しかし、その一方で緊急報道などNHKの真価が問われる場面をどう乗り越えるかに関してはスキルがまったく向上していない。会長含めて、全職員がいつなんどきであっても緊急報道の最前線に立てるようなスキルと当事者意識の透徹こそが最重要だ。

○とりわけ緊急報道への対応力が低下していることに強い懸念がある。24時間体制で中継体制を構築していくような業務は、中継番組が消えたこともあり、そのスキルをつちかうことができるような場がNHKから消えつつある。次の大災害などの場面で、適切に緊急報道がなされるとは思えない。中継現場に一度も出ずに3年以上過ごす新人も珍しくない。

○国会中継は、原則すべておこなうべき。できないなら、できない理由を視聴者に伝え、可視化するべきだと思う。(「ツイッターデモ6」で国会中継を求める声を目にするたび、それがあまりにも正論なので考え込んでしまう)

○選挙報道や政見放送を見直してほしい。今の政見放送は「知る権利」に応えているか？　選挙の開票に「速報性」は必要だろうか？　いたずらに現場の体力を奪い、過重労働や過労死を生む温床になってきたのではないか？　開票後の選挙特番よりも、候補者の過去の実績や発言を選挙前に報道するほうが大事ではないか？

○「BS1スペシャル『河瀬直美が見つめた東京五輪』」をはじめ、近年起きている誤報、不適切な表現、説明不足について、協会内ではそのつど各部局単位で勉強会を開いたり、センシティブな内容の番組では、リスク管理者が試写に入るなどのルールが設けられた。しかし一方で、これが取材者や視聴者のためではなく、「NHKで働く職員」を守るためにと変容している点が多々ある。例えば、勉強会はほぼ一方的な座講で終わることが多く、職員同士で議論したり、視聴者と顔を合わせることはない。局内の問題について詳しく触れること自体が「リスク」と捉えられ、取材に基づいた情報よりも「炎上しないかどうか」「片方取り上げたら、もう片方から責められないか」が常に問われ、組織を守るために「両論併記」にしたり、情報自体を出さないこともある。「組織防衛のためのリスク管理」は、組織をより萎縮させ、権力監視という役割は果たせない。このあり方について変えなければという思いは多くの職員がもっている。

○制作費のカットがメディアで取り沙汰されるが、過剰なBSへの投資や、バックオフィス(総務、人事、経理など管理部門）における度重なる無駄なレイアウト変更などのコストこそ削減すべきである。
○放送でお世話になった方が「自分たちの活動を紹介するために番組を使わせてほしい」とおっしゃったとき、ＮＨＫの許諾をとるのが非常に難しい。ほんとうは、使ってもらったことが営業報告に出てもいいくらいなのに、実際には使用料をとる。（ので、「個人的に録画したものをこっそり使ってください」と言わざるを得ない。
○資料映像の利用と再放送を賞賛する文化からは、真のイノベーティブな番組は決して生まれない。こういうところこそ「営業改革」でまっさきに変更してもらいたい）
○過去の映像・音声資産をできるかぎり公開・活用するＮＨＫに。「受信料を払っていれば過去の番組を原則すべてネットで見られる」ぐらいでないと、受信料制度は支持されないのでは？

(2)地域放送局

○近年、ローカル局の規模が大きく縮小された。しかし、都市部に先立って少子高齢化が進むなど日本の地方には伝えるべき課題が山積している。民放も都市部の情報に集中しており、地方発の情報を伝える機関としてのＮＨＫの重要性を忘れないでほしい。
○地域放送局の予算は今、めちゃくちゃに減らされている。地域放送局で予算がほしいと思ったら、「東京の『リレーション提案』（視聴者との関係を深め、受信料への理解につながる可能性のある取り組みへの予算）に頼ってくれ」と言われており、予算配布はそこで一本化されている。そして予算獲得の決め手となるものは、訪問によらない営業のなか「営業成績にどう結び付くか」ということ。「不払いをどうやって支払いにもってゆくか、そのスケジュールは？」そんなことばかりが問われている。

しかし、これでほんとうに地域の人と信頼関係を築けるのか?公共放送が歪み続けている気がする。

最初に見た職場がこんなふうだと、若手は「そういうものか」と思い込んでしまう。

○「改革意識がある」といわれる若手と話すと、かえって違和感を感じてしまう。これでは創造力が勝負の私たちにとって、まずいのではないか。

○地域放送局の課題をいろいろと感じている。まず、とても忙しい。地域が担当する従来的な番組業務と、会長が進める全局的なプロジェクトの両方が、(スクラップされないまま)並行して走っており、業務負荷が現場に来ている。ストレスが原因とされる病気になる人が多いという話も聞いている。(組織改革で)縦割りと横割りをなくすということだが、大きな枠のなかに大勢のCPとPDがいて、誰と仕事をしているのかよくわからない。繁忙感はあっても、どこにしわ寄せがあるのか、よくわかっていない。フリーアドレス(着座位置を決めず自由に働く座席を選択できるオフィス方式)ということもあり、所在がない。

○地域放送局においては、編成と制作の現場が乖離しがちである。地域放送局では、視聴率や他局での放送内容はもとより、視聴者ニーズを汲み取って放送に反映するという基本がおろそかにされていると思う。その結果、言葉通り働かない職員が多い。時間があっても締切までに余裕をもって間に合わせているだけで、仕事のクオリティが高まっているわけではないと感じる。結果、時間に対して番組の質が低い。

(3)技術

○ＮＨＫにおける技術とは、新技術開発や機材の活用という方向に重きを置きすぎる。結果として、撮影技術という観点からすると、スマートフォンを駆使した若手のクリエイターにも完全に劣っているのが現実である。時代遅れの映像を、莫大な費用をかけて追求しているとさえ感じる。視聴者がほんとうに求める、知りたいことに応える映像技術とは何か考え直して、過剰な技術投資は控えた方がよい。

○制作技術の人員を整理し、カメラマンなどのロケクルーは極力外注させようとしているが、「これまでのＮＨＫや現場を支えて育成してきたシステムを捨てるつもりなのか？」と思わざるを得ない。

○実際に日々の番組を制作しているなかで、「こんなロケやこんなスタジオ収録ができれば……」と出てくる要望に対して、いろいろな意味で小回りや応用がきかない「８Ｋ」は相反している。確かに超高画質の映像を撮る技術研究は、あっていいものだとは思うが、受信料収入が減るなかでここまでコストと人員をかけてもいいものなのか。こういうときに縮小・撤退の判断ができ、かつそこで出た人員をいま必要なことに投資できる判断ができる上層部であってほしい。

○「４Ｋ・８Ｋ」に早く見切りをつけ、地域の取材・発信に資源を投入するＮＨＫに。「４Ｋ・８Ｋ」に放送としての将来性がないことは、関わった制作者は強く認識している。

○ＮＨＫが放送技術の向上に貢献するのはよいことだが、誰が見ているのか調査されてもいない「４Ｋ」や「８Ｋ」の放送にお金をかけすぎていると思う。

3. 労働、人事

(1) 労働

○働く人の健康と生命が尊重されるＮＨＫへ。佐戸未和さんの過労死を受けて、「一般職・管理職・関連団体の従業員、外部スタッフを含め、ＮＨＫで働くすべての人の生命と健康を最優先する」と宣言したにもかかわらず、渋谷の放送センターで、しかも同じ職場で、またも過労死があった。「新システム導入や制度変更のために、生命と健康が脅かされるのは本末転倒」との怒りの声がある。

＊２０１３年7月、首都圏放送センターの東京都政取材担当記者・佐戸未和さん（２００５年度入局当時31歳）がうっ血性心不全により死亡し、翌14年5月に労災と認定された。佐戸記者は、亡くなる直前1か月間に選挙取材などで１５９時間の残業に従事しており、過労死ラインの倍近い時間外労働を強いられていた。（厚生労働省によれば、月45時間以上の残業で心身に負担がかかる可能性があり、国が労災と判断する際の「過労死ライン」は月80時間の残業だという指標がある）ＮＨＫは、このとき渋谷労働基準監督署から『事業場外みなし』を記者に適用することを必要に応じて見直すよう」文書指導を受けた（実態として「事業場外みなし」［会社の指揮命令が及ばず、労働時間を正確に把握することが困難である場合に一定時間働いたことにする制度」は労働基準法違反であった可能性が高いという判断）。遺族によれば、佐戸さんは当時、慢性的な長時間労働に従事しており、残業時間だけで２０１３年6月に１８８時間、7月には２０９時間で、休みは2か月間でわずか2日しかなかったという。しかもＮＨＫは、佐戸さんが亡くなる過程やその後の対応について内部報告書を一切残していないという。ＮＨＫは、２０１７年に「ＮＨＫグループ働き方改革宣言」を発表、「長時間労働に頼らない組織風土をつくる」「ＮＨＫで働くすべての人の健康を守り、働き方改革をさらに加速させていく」とした。さらに従来の（時代遅れ的な）「事業場外みなし」にかえ、２０１７年4月から「専門業務型裁量労働制」を導入した。これは、「業務の性質上、業務遂行の手段や方法、時間配分等を大幅に労働者の裁量にゆだねる必要がある業務として……労働者を実際にその業務に就かせた場合、労使協定であらかじめ定めた時間を労働したものとみなす制度」とされている。しかし、２０２２年9月、佐戸さんと同じＮＨ

Kの首都圏放送センターで東京都庁の取材を担当していた40代の男性管理職が、２０１９年10月に亡くなり、その後労災と認定されていたことが明らかになった。東京オリンピックや参院選などの取材を行っていた男性の亡くなる前5か月間の残業時間は、「過労死ライン」の月80時間を超える月平均92時間だったとされ、NHK経営委員会は執行部に再発防止策に関して報告するよう求めた。

○セクハラやパワハラ、過労死などの問題を報じるにあたり、NHKが公器であるならば、まずは局内の問題こそ解決し、報じるべきである。自己批判なくして正常なジャーナリズムは成立し得ない。

○テレビ局としての本来業務は何かといえば、放送業務である。その根幹業務こそがもっとも重要であるのに、その他の雑務や「小手先だけのSNS運営」などの「業務とはいえないレベルのもの」が現場にのしかかってきて、本来なすべき仕事を圧迫している現場がある。

○本来業務以外の雑務が多すぎると思う。特にリスク管理に関連する業務が年々増えており、減る事はない。リスクを管理する部署が仕事を得るために、複雑な手続きを構築しているとしか思えない体制だと感じる。

○「働き方改革」は確かに重要であるが、「職員の健康を視聴者の知る権利に応えることよりも優先する」という風潮には強い違和感がある。過剰な労働やパワハラ・セクハラは論外であるが、時に寝食を忘れて、視聴者のために全身全霊をかけて放送に臨むような経験ももたない限り、職員自体も成長しないのではないか？以前と比べて成長の機会が大きく減少している。

(2) 人事

○局内では「関連団体への転籍の道はない。50代になったら培った技能を他で活かせ」と再三説明される。転籍可能なのは部長以上で3%の狭き門。さらに労働協約と組合規約の改定で基幹職の役職定年者は労組に戻ることができず、不安定な処遇で放置される。50代の扱いに不安を抱く30~40代が、離職加速の一因をつくっている。

○新たな管理職である「基幹職」に昇進するために「基幹職選抜プログラム」が設けられたが、必ずコスト意識が問われ、「公共メディアの専門性よりもコスト削減能力ばかりが評価されているのでは?」との声がある。合格率は20%台と従来の管理職昇進に比べ非常に低く、「合格基準が不明確」「放送という仕事の特性を無視したプログラム」「受験したほとんどが納得感を得ていない」「日常の仕事ぶりを知っている現場の評価がほとんど反映されていない」など不満が続出、不公平感とモチベーションの低下が深刻化している。

○「基幹職選抜プログラム」の成否は問うべきである。成功、失敗、いずれにしてもその根拠を示すべきであるし、対策も含めて現場に提示すべき。もっとも、現場としては失敗以外の何物でもないと考えている。

○労働問題が起きても、ことなかれ主義で責任の所在を明確にせず、誰も責任を取らないのがNHKの組織の最大の問題だ。問題を起こした管理職が、降格処分にもならない。志をもった有能な若手職員たちが正当な評価を受けずに辞めていく現実がある。

○綱紀粛正のため、懲戒処分の公表や降格処分に関しては徹底していく必要がある。

○懲戒処分を受けた管理職が「組織の盾になった」として昇進していくような状態は絶対にあってはならない。真に公共放送とは何か追求し、成果を残し、後進を育成できるものが適切に評価を受けない限り現場の士気は下がり続け、退職ラッシュも止まらないだろう。
○もはやＮＨＫ自体、「存続することだけを目的とする組織」となっていると思う。
○働いた者が適正に評価され、その労働に見合った正当な給与を貰える仕組みをつくってほしい。現段階の「全職種横並び」の待遇には大いに疑問がある。

4.組織、議論の場

⑴組織

○来春、放送研修センター、サービスセンター、インターナショナル、エンジニアリングシステム、交響楽団の5団体が統合、日本語センターも吸収される。業務内容がまったく異なるこれらの組織がなぜ一つにされるのか？これまでの文化的貢献は無視され、合理化だけが目的化された意味不明の組織いじりを深く憂慮する。日本語センターの朗読講座は「不採算部門だ」として規模縮小が重ねられ、「統合後は廃止されるのでは？」との不安の声もある。

⑵将来構想のための議論の場

○コロナ禍や個人の机をなくすフリーアドレス化等が重なり、放送に関する議論の場が激減している。

○すでに将来について職種横断的に話し合えるような繋がりが希薄になっていて、そのような場は存在していない。つくろうという機運も職員のなかにはほとんどない。

○NHKの職員自体が超安定思考に陥っていて、ジャーナリストとしての責務を果たせていない。改めてジャーナリストとは何か考え直し、全職員がジャーナリストとして職務にあたることができるようにするためには何が必要なのか、建設的議論の場が必要だ。

○確かに協会は「公共放送とは何か」考える会のようなものを次々と開催しているが、そこで厳しい意見をあえて発する職員がいても、「ご意見ありがとうございます」と煙に巻くだけで本心から向き合おうとはしていない。将来構想を考えるにあたっては、まずは過去の不正の膿をすべて出し切ることが必要だが、それらをすべて隠蔽して乗り切ろうという空気が局内に蔓延している。きちんと公開の場で過去と現在の不正と向き合う必要がある。

○「両論併記」の意味や、受信料をもらうためにNHKが本来おこなうべきことについて、いま一度職場で話し合いたい。職場の壁を越え、職種や局歴なども関係なしで自由に意見を交換する場を設けてほしい。

○放送の自主自立、受信料制度の将来、インターネットと放送の関係などさまざまな問題を、放送法に立ち返って労使で議論する「放送法活性化会議」の設置を。

以上

◉資料10
前川さんを推薦する方々からのメッセージ（集約順・敬称略）

▽上西充子（法政大学教授・国会パブリックビューイング代表）
権力に忖度せず、事実を大切にする。そして現場のスタッフを大切にする。ＮＨＫが公共放送としての役割を果たすには、そういう会長が必要と考えます。

▽斎藤貴男（ジャーナリスト）
前川さんを推薦します。政権の宣伝機関のようなＮＨＫはもうたくさんです。人間を舐めない放送局であってほしい。そのためにいま求められる人は、前川さんを置いて他にはいません。

▽清水雅彦（日本体育大学教授）
放送法は、1条2号で「放送の不偏不党、真実及び自律を保障することによって、放送による表現の自由を確保すること」と、4条2号で「政治的に公平であること」と規定していますが、例えば、かつての籾井勝人会長の就任会見時の発言や岩田明子元解説委員の解説、オリンピック反対派についての報道などを見ると、これまでのＮＨＫは必ずしも「不偏不党」「政治的に公平」とは言えないものでしたので、前川喜平さんに期待します。

▽内海愛子（恵泉女学園大学名誉教授）
前川さんの文部次官退任の時のメッセージは心に響きました。それを拝読して以来、その主張、行動に注目し、敬意を抱いてきました。言論の場であるＮＨＫ会長にぜひ就任してください。ＮＨＫの職員が元気になれば、さらにいい番組が作れると期待しています。

▽角田由紀子（弁護士）
文字通りの「私たちのＮＨＫ」を取り戻したいです。信頼して共に歩ける公共放送であってほしいです。

▽石田米子（岡山大学名誉教授）
今こそＮＨＫが権力におもねるのではなく、視聴者のために真実を報道する公共放送に立ち返るべき時！前川氏会長候補は市民のすばらしい人選です。推薦に心から同意します。

▽源淳子（日本の宗教とジェンダー研究者）
前川喜平さんなら、ＮＨＫの体質を変革してくださると思います。前川さんにぜひ会長になってもらいたいです。前川さんしかいないです。

▽竹信三恵子（ジャーナリスト・和光大名誉教授）
公共放送の使命を果たすには、「公共」について理解している会長が必要です。政権のためや企業のため

でなく公共を深く考えてこられた前川さんは、その意味で最適の方です。公共を取り戻しましょう。

▽金子あい（俳優・「フクシマを思う」主宰）

ＮＨＫが私たち国民の公共放送であるために、そして現場で頑張っている志あるジャーナリストのために、政権の圧力に屈しない前川喜平さんにぜひとも会長になっていただきたいです。

▽前田朗（東京造形大学名誉教授）

国営放送局は廃止すべきです。廃止せずに存続するのなら、政権の提灯持ちから卒業して、市民の立場、市民の目線で番組作りをするべきです。小さき人々の声を拾い、社会のひずみを修復し、政治の腐敗を匡しましょう。捏造と忖度のＮＨＫから、人権と共生のＮＨＫへ。前川喜平さんを会長に！神南に希望の虹を！

▽内田雅敏（弁護士）

「以民促官」のためには正確な報道をなすメディアが不可欠です。

▽金平茂紀（ジャーナリスト）

ＮＨＫは「国営放送」ではない。市民とともに歩む「公共放送」＝公共財なのです。そのトップを、この5期15年にわたり、財界人がつとめてきました。しかも選出経緯がよくわからない。戦後の放送の歴史を振り返ってみても、これはかなり異様な事態です。長らく民間放送で報道の仕事をしてきていますが、ＮＨＫにはせめて英国放送協会（ＢＢＣ）の足元くらいにまでは追いついてほしい。前川喜平さんは取材を通じて知り合いました。行政の捻じ曲げに体を張って抗し、公務員のあるべき姿を示されたことを僕らは覚えています。なおかつ健全なユーモア精神がある。適材です。もう今のようなＮＨＫを変えようではありませんか。僕は前川さんを強く、深く、推挙します。

▽小田桐誠（大学講師・ジャーナリスト）

経営委員会の委員長も会長も財界出身者が続く異常な状況。ＮＨＫ会長は「ガバナンス」「コンプライアンス」ではなく「ジャーナリズム」を重視する人でなければ。前川喜平会長を実現させよう！

▽木下員穂（翻訳家）

国が健全であるためには、なによりも健全な力が必要です。前川さんのお力を是非発揮してください。

▽鎌田慧（ルポライター）

ＮＨＫのドキュメンタリーは好きだ。しかしＮＨＫニュースは政府広報のにおいが強くて困る。心ある市民の声を大事にするＮＨＫであってほしい。

▽落合恵子（作家・クレヨンハウス代表）
あらゆることが、市民の姿勢や思想、願いや思いや生活実感から急速に遠ざかっていきます。わたしたちが多くの情報を受発信できるはずのメディアのそれもまた。それが何であれ、民意から離れたもの（離れつつあるもの）には、異議申し立ての声を上げ続けたいと自分と約束をしています。絶望は、いつだってできる、のですから。アンジェラ・デイヴィスの言葉だったかと思います。壁も倒せば橋になる、です。

▽砂川浩慶（立教大学社会学部教授）
「公」を全く理解しない会長・経営委員会に危機意識を覚えます。「公」の意味に加え、ジャーナリズムの意味も熟知された前川新会長の実現を熱望します。

▽浪本勝年（立正大学名誉教授）
長年、教育・学術・文化行政に携わった前川喜平さんは、その間の強いられた「面従腹背」から脱出した後、自民党政府からの政治的圧力をはねのけ、民主主義・平和主義・基本的人権尊重の理念を踏まえた積極的な講演行動・執筆活動を幅広く展開されています。こうした前川喜平さんに接するにつけ、この人こそ、危機に立つ現在のＮＨＫが真に会長に欲している人だと自信をもって推薦できます。２０２３年が新生ＮＨＫの出発となることを強く期待しています。

▽須藤春夫（法政大学社会学部名誉教授）
いまＮＨＫに最も求められるのは、政治権力からの独立と内部における番組制作者や記者の自由の保障、そして視聴者との対話です。前川喜平さんはＮＨＫ会長としてこれらを体現する見識、実行力が備わった方であるのは実証済みです。人間味あふれたお人柄も加わり、魅力ある公共放送へと再生させるリーダーとしてまことに相応しく心から推薦します。

▽森啓（元北海道大學教授・日本文化行政研究会代表）
前川さんの、お考え・行動力・信頼感・経歴は、ＮＨＫ会長に最適任だと考えます。国民世論にして頂きたく多くの方々に呼びかけております。

▽佐高信（評論家）
前川さんが会長になったら、またＮＨＫを見る気になるね。

◉ 市民とともに歩み自立したＮＨＫ会長を求める会

全国各地で活動を続けるNHKやメディアを考えるさまざまな市民団体、NHKやNHK関連会社で働く現場の人たち、視聴者·市民の有志、ジャーナリスト、研究者で組織する。

2022年9月末に立ち上がり、元文部科学事務次官で現代教育行政研究会代表の前川喜平さんをNHKの次期会長に推薦する活動を、ネット署名や紙の署名で展開するとともに、公共放送のありようを考えるシンポジウムなどを開催する。

共同代表は、元NHK経営委員の小林緑、「NHKとメディアの今を考える会」共同代表の丹原美穂、「日本ジャーナリスト会議」運営委員の河野慎二の3人が務め、事務局長は「放送を語る会」元事務局長の小滝一志が務める。

公共放送ＮＨＫはどうあるべきか

「前川喜平さんを会長に」運動の記録

2023 年 4 月 30 日　　第 1 版第 1 刷発行

著　者—— 市民とともに歩み自立したＮＨＫ会長を求める会

発行者—— 小番伊佐夫

装丁組版— SaltPeanuts

印刷製本— 中央精版印刷

発行所—— 株式会社三一書房

〒 101-0051

東京都千代田区神田神保町 3-1-6

☎ 03-6268-9714

振替 00190-3-708251

Mail　info@31shobo.com

URL　https://31shobo.com/

ISBN978-4-380-23003-5　C0036　Printed in Japan